LES PETITS MAMMIFERES DE MADAGASCAR

GUIDE DE LEUR DISTRIBUTION, BIOLOGIE ET IDENTIFICATION

Voahangy Soarimalala & Steven M. Goodman

Illustrations de
Velizar Simeonovski

Association Vahatra
Antananarivo, Madagascar

2011

Publié par l'Association Vahatra
BP 3972
Antananarivo (101)
Madagascar
edition@vahatra.mg

Editeurs de série : Marie Jeanne Raherilalao & Steven M. Goodman

ISBN 978-2-9538923-1-4

Carte par Herivololona Mbola Rakotondratsimba
Page de couverture et mise en page par Malalarisoa Razafimpahanana

La publication de ce livre a été généreusement financée par une subvention du Fond de Partenariat pour les Ecosystèmes Critiques (CEPF)

Imprimerie : Graphoprint
Z.I. Tanjombato, B.P. 3409, Antananarivo 101, Madagascar.
Dépôt légal n° 242, Juin 2011. Tirage 1.500 ex.

Objectif de la série de guides de l'Association Vahatra sur la diversité biologique de Madagascar.

Au cours des dernières décennies, des progrès énormes ont été réalisés concernant la description et la documentation de la flore et de la faune de Madagascar, des aspects des communautés écologiques ainsi que de l'origine et de la diversification des myriades d'espèces qui peuplent l'île. Nombreuses informations ont été présentées de façon technique et compliquée, dans des articles et ouvrages scientifiques qui ne sont guère accessibles, voire hermétiques à de nombreuses personnes pourtant intéressées par l'histoire naturelle. De plus, ces ouvrages, uniquement disponibles dans certaines librairies spécialisées, coûtent cher et sont souvent écrits en anglais. Des efforts considérables de diffusion de l'information ont également été effectués auprès des élèves des collèges et lycées concernant l'écologie, la conservation et l'histoire naturelle de l'île, par l'intermédiaire de clubs et de journaux tel que Vintsy, organisés par WWF-Madagascar. Selon nous, la vulgarisation scientifique est encore trop peu répandue, une lacune qui peut être comblée en fournissant des notions captivantes sans être trop techniques sur la biodiversité extraordinaire de Madagascar. Tel est l'objectif de la présente série où un glossaire définissant les quelques termes techniques écrits en gras dans le texte, est présenté à la fin du livre.

L'Association Vahatra, basée à Antananarivo, a entamé la parution d'une série de guides qui couvrira plusieurs sujets concernant la diversité biologique de Madagascar. Nous sommes vraiment convaincus que pour informer la population malgache sur son patrimoine naturel, et pour contribuer à l'évolution vers une perception plus écologique de l'utilisation des ressources naturelles et à la réalisation effective des projets de conservation, la disponibilité de plus d'ouvrages pédagogiques à des prix raisonnables est primordiale. Nous introduisons par la présente édition le deuxième livre de la série, concernant les petits mammifères, des animaux encore trop peu connus.

Association Vahatra
Antananarivo, Madagascar
15 mai 2011

Ce guide est dédié

à tous les chercheurs passionnés

par les petits mammifères malgaches

et ceux qui souhaitent suivre leur voie.

TABLE DES MATIERES

PREFACE

Madagascar, territoire privilégié, offre tout l'éventail des milieux naturels tropicaux, depuis les forêts dense humide, sèche caducifoliée jusqu'au bush épineux et la savane, en passant par les formations montagnardes, la mangrove et la forêt littorale. Il n'est pas étonnant que ce pays, qui est la quatrième plus grande île du monde et séparé par les autres continents depuis des dizaines de millions d'années, héberge une faune mammalienne indigène très diversifiée en termes d'espèces dont tous sont endémiques. Parmi les ordres existant sur l'île, les Afrosoricida, les Rodentia et les Soricomorpha font l'objet du présent livre. Des guides sur les primates de Madagascar ont été édités mais les synthèses de documents en français faites par les spécialistes sur l'identification spécifique des petits mammifères sont notamment lacunaires. Il devient alors difficile pour les non spécialistes qui n'ont pas l'accès aux nombreux articles scientifiques, souvent très techniques, de reconnaître toutes les espèces rencontrées dans la nature, surtout celles qui se ressemblent et qui appartiennent au même genre. Un guide est donc très utile à l'époque actuelle où l'intérêt pour la conservation du milieu naturel en général à Madagascar, pour la faune en particulier, est de plus en plus marqué.

C'est à la fois d'un catalogue des 64 espèces (59 indigènes et cinq introduites) des petits mammifères connus sur Madagascar, d'un recueil des données de base sur leurs caractéristiques et leur histoire naturelle que le lecteur et les chercheurs ont besoin. Les auteurs, Dr. V. Soarimalala, ancienne étudiante de l'université, que je considère comme une relève très douée, et Pr. S. M. Goodman, éminent biologiste de terrain du « Field Museum of Natural History » de Chicago, sont des spécialistes qui connaissent le mieux les animaux décrits dans ce guide. En tant que professeur de biologie animale et mammalogiste, ce guide sera important pour les étudiants et moi-même en vue d'identification adéquate des petits mammifères de Madagascar et nous sommes impatients de l'amener sur le terrain. Nous espérons donc que le présent ouvrage sera utile à tous ceux qui, du spécialiste à l'amateur éclairé, de l'étudiant à l'éducateur au gestionnaire de la nature, du touriste au guide, s'intéressent à ces espèces animales.

Dr. Daniel Rakotondravony
Département de Biologie Animale
Université d'Antananarivo

Remerciements

Ces dernières décennies, un nombre croissant de scientifiques et d'étudiants chercheurs effectuent leurs recherches sur les petits mammifères de Madagascar. Parmi ces chercheurs, nous citons par ordre alphabétique : Tony B. Andrianaivo, Vonjy Andrianjakarivelo, Michael D. Carleton, G. Ken Creighton, Jean-Bernard Duchemin, Jean-Marc Duplantier, Louise H. Emmons, Jörg U. Ganzhorn, Owen Griffiths, Rainer Hutterer, Sharon A. Jansa, Paulina D. Jenkins, Olivier Langrand, Anne Laudisoit, Ross D. E. MacPhee, Claudette P. Maminirina, Martin E. Nicoll, Link E. Olson, Mark Pidgeon, Paul A. Racey, Brigitte M. Raharivololona, Soanandrasana Rahelinirina, Martin Raheriarisena, feus Ernestine M. Raholimavo et Nasolo Rakotoarison, Zafimahery Rakotomalala, Félix Rakotondraparany, Daniel Rakotondravony, Hery Rakotondravony, Lucien M. A. Rakotozafy, José Ralison, Landryh Ramanana, Vololomboahangy R. Randrianjafy, Rodin Rasoloarison, Bernardin P. N. Rasolonandrasana, Chris Raxworthy, Leigh Richards, James Ryan, Harald Schütz, Simone Sommer, P. J. Stephenson, Peter J. Taylor, Anselme Totovolahy et Haridas Zafindranoro. A travers les années, nous avons réalisé un grand nombre d'inventaires biologiques sur l'île avec Achille P. Raselimanana, Marie Jeanne Raherilalao et Rachel Razafindravao (dit Ledada) et nous les remercions pour leur grande aide.

Nous aimerions également exprimer notre reconnaissance à Madagascar National Parks (MNP, ex-ANGAP), à la Direction du Système des Aires Protégées et à la Direction Générale de l'Environnement et des Forêts pour avoir accordé les autorisations de recherche ; notre reconnaissance s'adresse également à D. Rakotondravony, Hanta Razafindraibe et à feue O. Ramilijaona, Département de Biologie Animale, Université d'Antananarivo, Antananarivo, pour leur aimable assistance dans les multiples détails administratifs.

Nous sommes personnellement reconnaissants aux différents conservateurs des musées qui ont accepté de prendre en charge les échantillons de petits mammifères venant de Madagascar, en particulier, Daniel Rakotondravony, Département de Biologie Animale, Université d'Antananarivo, Antananarivo ; Christiane Denys, Muséum national d'Histoire naturelle, Paris ; Judith Chupasko, Museum of Comparative Zoology, Cambridge, Massachusetts ; Michael D. Carleton et Linda Gordon, National Museum of Natural History, Washington, D.C. ; et Paulina D. Jenkins, The Natural History Museum, London.

Les travaux de terrain et de recherche à Madagascar ont été généreusement appuyés par Fond de partenariat pour les écosystèmes critiques (CEPF), John D. et Catherine T. MacArthur Foundation, National Geographic Society (6637-99 et 7402-03),

National Science Foundation (DEB 05-16313), Volkswagen Foundation et les programmes WWF US et WWF Madagascar et Océan Indien occidental. Par ailleurs, la publication de ce livre n'aurait été possible sans l'aide de différentes institutions et personnes physiques. Nous sommes reconnaissants au Fond de partenariat pour les écosystèmes critiques (CEPF) de Conservation International pour avoir financé l'édition de ce livre. Le Fond de partenariat pour les écosystèmes critiques est une initiative conjointe de l'Agence Française de Développement, de Conservation International, du Fonds pour l'Environnement Mondial, du gouvernement du Japon, de la Fondation MacArthur et de la Banque Mondiale, et dont l'objectif principal est de garantir l'engagement de la société civile dans la conservation de la biodiversité.

Malalarisoa Razafimpahanana s'est occupé de la compilation du livre et nous lui sommes reconnaissants pour son attention méticuleuse aux détails. Nous sommes sincèrement reconnaissants à Elodie Van Lierde qui a énormément contribué à la préparation de ce livre et à Marie Jeanne Raherilalao qui apporté ses commentaires constructifs sur les versions antérieures du présent manuscrit. Les dessins en couleur de Velizar Simeonovski, les photos d'Harald Schütz et les dessins en noir et blanc de Roger Lala agrémentent les pages du livre. Voahangy Soarimalala tient à remercier sa famille, son mari pour leur patience, leur soutien et leur amour. Steve Goodman voudrait remercier Asmina Gandie et Hesham Goodman pour leur patience malgré ses absences fréquentes de la maison. Nous aimerions également remercier le professeur Daniel Rakotondravony pour avoir accepté de composer le préface.

PRESENTATION DU LIVRE

Ce livre vise une large audience, et bien que nous ayons essayé d'éviter l'utilisation de trop nombreux termes techniques, cela a été inévitable dans certains cas. Les mots ou termes écrits en **gras** dans le texte sont définis dans la section glossaire (partie 3) à la fin du livre. En outre, étant donné que les noms vernaculaires communs des petits mammifères malgaches sont très différents selon le dialecte et qu'ils sont inconnus à la fois des scientifiques et des passionnés de la nature, nous les appelons uniquement par leurs noms scientifiques. Les noms scientifiques s'écrivent en *italique* lorsqu'ils désignent un organisme au niveau du genre et de l'espèce. De plus, lorsqu'un nom de genre est cité plusieurs fois dans une même phrase ou paragraphe, celui-ci peut être abrégé. Dans le système de **classification** zoologique, une hiérarchie nette est établie, afin de refléter l'**histoire évolutive** ou **phylogénie** des organismes, et plus spécifiquement le processus d'**ancêtre**. Ceci est illustré dans le Tableau 1.

Dans la deuxième partie du livre « Description des espèces » et sous la section « Distribution », nous ne présentons pas les cartes de chaque espèce, mais plutôt une description écrite de leur aire de répartition géographique. Nous sommes en train de préparer des cartes de répartition qui figureront dans un futur atlas de la **biodiversité** de Madagascar. Alors que certains lecteurs estiment important de connaître les références scientifiques utilisées pour statuer sur certains points, d'autres peuvent les trouver encombrantes. Afin de trouver un compromis entre ces deux cas, nous utilisons un système de numérotation discret qui cite les études concernées et qui sont ensuite listées dans la partie des références bibliographiques à la fin de ce livre.

Tableau 1. **Classification** hiérarchique des petits mammifères, avec un exemple précis jusqu'au niveau de l'espèce, *Tenrec ecaudatus*.

Classification
Règne – Animalia
Embranchement – Chordata
Classe – Mammalia
Super-Ordre – Afrotheria
Ordre – Afrosoricida
Famille – Tenrecidae
Sous-famille – Tenrecinae
Genre – *Tenrec*
Espèce – *ecaudatus*

PARTIE 1. INTRODUCTION SUR LES PETITS MAMMIFERES

QUE SONT LES PETITS MAMMIFERES ?

Ces animaux, comprenant les rongeurs, les rats, les souris, les musaraignes, les tenrecs, tout comme les êtres humains, sont des mammifères. Ce sont des animaux à sang chaud qui possèdent une fourrure, quatre membres, la plupart ont une queue et les femelles mettent bas et **allaitent** leurs petits. Dans presque tous les cas, les différentes espèces de mammifères traitées dans ce livre ont un poids inférieur à 1 kg, d'où le terme « petits mammifères ». Aucun d'entre eux ne vole, comme pour un autre groupe de mammifères, les chauves-souris. Trois autres groupes de mammifères **terrestres** se trouvent également à Madagascar aujourd'hui, mais ils ne seront pas traités dans ce livre, il s'agit des primates, pour lesquels un nombre considérable de guides ont déjà été publiés (par exemple 92), des sangliers de brousse d'Afrique du genre *Potamochoerus* qui ont été probablement **introduits** à Madagascar, et un assortiment d'autres **Carnivora**. Plusieurs espèces de baleines et de dauphins, ainsi que le dugong, étant aussi des mammifères qui vivent dans les océans qui entourent Madagascar.

Les petits mammifères malgaches sont très différents des hommes de diverses façons. Tous marchent et courent sur leurs quatre membres (**plantigrades**), tandis que l'homme marche sur ses pieds en position verticale (**bipède**). En outre, les petits mammifères ont des **vibrisses** qu'ils utilisent pour la perception sensorielle, plus de poils, la structure de la patte est très différente, et dans la plupart des cas, ils ont de longues queues et des capacités de communication réduites par rapport à l'homme. Pour terminer, les humains sont des primates. Les espèces visées dans ce livre sont représentées par les groupes des tenrecs, des musaraignes et des rongeurs.

Les petits mammifères jouent un rôle très important dans le fonctionnement de l'**écosystème**. D'abord, ils interviennent au niveau de la **chaîne alimentaire** en tant que **prédateurs** d'insectes et **proies** des **rapaces**, **carnivores** et des serpents. Ils contribuent également à la **dispersion** des graines, particulièrement les rongeurs, en transportant les noix et les graines à travers la forêt.

Il existe une vaste gamme de **morphologies** et de modes de vie parmi les petits mammifères de Madagascar. Certaines espèces sont actives pendant le jour (**diurnes**), d'autres pendant la nuit (**nocturnes**), et d'autres le sont à l'aube et au crépuscule (**crépusculaires**). Certaines passent la plus grande partie de leur vie sur le sol (**terrestres**), d'autres dans les arbres et certaines vivent dans le sol (**fouisseurs**). En général, la plupart des rongeurs se nourrissent essentiellement de graines (**granivores**) et de fruits (**frugivores**), tandis que les tenrecs et les musaraignes se nourrissent principalement d'insectes (**insectivores**).

Madagascar possède de nombreuses espèces uniques de petits mammifères, c'est-à-dire qu'on ne les trouve nulle part ailleurs sur notre planète, elles sont donc **endémiques**. Certains de ces animaux ont des **habitats** très réduits sur l'île et sont donc appelés espèces **microendémiques**. Au cours des dernières décennies, un nombre considérable d'espèces ont été décrites comme nouvelles pour la science. Pour la plupart des petits mammifères de Madagascar, très peu de détails sont connus sur la façon dont ils vivent, ce qu'ils mangent, leur espérance de vie (histoire naturelle), et quand et dans quelles conditions ils se reproduisent. C'est très différent pour les autres groupes de **vertébrés** terrestres, comme les lémuriens et les oiseaux, dont de nombreuses études ont été menées par des scientifiques, et certains aspects de leur histoire naturelle sont relativement bien connus.

Parmi les espèces de rongeurs et de musaraignes qui ont été **introduites** (**allochtone**) à Madagascar, beaucoup d'entre elles créent des problèmes pour l'homme, tels que les rats (*Rattus*), qui sont responsables de la destruction des cultures agricoles, des parasites qui vivent en étroite association avec les gens (**synanthropiques**), et aussi de la transmission de différentes maladies. C'est avec ces animaux introduits que les gens sont les plus familiers, et par conséquent les petits mammifères ont une mauvaise réputation chez la plupart des malgaches. Il y a cependant parmi la faune **indigène**, beaucoup d'animaux extraordinaires et l'un des objectifs visés de ce livre est de dissiper certaines notions erronées courantes sur ces créatures.

L'objectif que nous visons par la conception de ce livre est que le grand public puisse apprendre des informations sur ces groupes d'animaux peu connus, extraordinaires et intéressants que sont les différentes espèces de tenrecs, musaraignes et rongeurs qui existent à Madagascar. Dans le présent chapitre, nous expliquons différents aspects de la vie de ces animaux. Nous espérons qu'avec la présentation des quelques informations concernant les espèces existantes sur l'île, à savoir leur distribution et les différentes facettes de leur mode de vie, le grand public pourra se défaire, au moins partiellement, de sa perception négative de ces animaux. Par ailleurs, plusieurs détails sur les petits mammifères malgaches, dont les éléments de leur identification et de leur histoire naturelle sont présentés pour les étudiants et les naturalistes, afin de les aider à étudier et à apprécier le monde fabuleux de ces animaux.

LES DIFFERENTS GROUPES

Les tenrecs (ordre des Afrosoricida, famille des Tenrecidae) – endémiques à Madagascar et comprenant trois différentes sous-familles (Tenrecinae, Geogalinae et Oryzorictinae).

Le membre le plus connu de cette famille est sans doute *Tenrec ecaudatus*, qui porte le nom malgache de *trandraka*, a également été introduit dans les îles voisines (les Comores, Maurice et La Réunion), où il est souvent appelé en créole *tangue* ou *tang*. La chair de cet animal est largement appréciée par les différents groupes culturels et il est exploité comme **gibier**. Cette famille est endémique à Madagascar, à l'exception du cas mentionné ci-dessus, et contient actuellement 32 espèces.

Tenrec ecaudatus a une série de poils épineux ou grossiers sur le dos, qui sont caractéristiques des membres de la sous-famille des Tenrecinae, comprenant également les genres *Hemicentetes* (*sora*), *Setifer* (*sora* ou *sokina*) et *Echinops* (*tambotriky*) avec un total de cinq espèces. Tous ces animaux ont une forme légèrement ou très arrondie, et des pattes relativement courtes. Ils peuvent vivre dans différents types de forêts et même dans des zones ouvertes, y compris les habitats modifiés par l'homme, tels que les zones urbaines et la savane.

Quand certaines espèces sont approchées par des **prédateurs**, elles se roulent en boule, la tête et les pattes repliées à l'intérieur, de façon semblable aux hérissons d'Afrique ou d'Europe. Toutefois, ces animaux ne sont pas liés aux hérissons et cette similitude est un cas d'**évolution convergente**, c'est-à-dire qu'au cours de l'évolution de ces deux groupes, ils convergent de manière indépendante sur la même solution au problème de contrecarrer les prédateurs. Compte tenu des tailles différentes, des **mœurs** et des formes des membres de cette famille, et basé sur leur histoire **phylogénétique**, il est extraordinaire de voir qu'ils proviennent d'un **ancêtre** unique (**monophylétique**) et sont plus étroitement liés aux éléphants qu'aux hérissons (voir p. 31).

Les Tenrecinae sont en général et en grande partie **insectivores**, mais dans certains cas ils se nourrissent d'aliments différents, y compris d'**invertébrés**, de **vertébrés**, de **charognes** et d'ordures, et sont plutôt considérés comme **omnivores**. La taille et la puissance des dents des membres du genre *Hemicentetes* pour déchiqueter les proies diminuent et ces animaux se nourrissent donc abondamment d'animaux à corps mou, comme les vers de terre.

Une autre sous-famille parmi les Tenrecidae est les Geogalinae, qui ne comprennent que l'énigmatique *Geogale aurita* (Figure 1). Cette petite espèce est connue dans les forêts sèches du Sud et de l'Ouest de Madagascar, elle possède une fourrure particulièrement courte et des oreilles relativement longues. Elle se trouve souvent sous des troncs d'arbres au sol et pourris, et dans les termitières, généralement dans les

Figure 1. Le curieux *Geogale aurita* ressemble beaucoup à la souris en apparence, avec ses longues oreilles et son pelage court mais il est membre de la famille des Tenrecidae et spécifiquement le seul membre de la sous-famille des Geogalinae. (Cliché par Harald Schütz.)

formations forestières mais elle se trouve également dans les savanes **anthropiques**. Sa nourriture principale semble être les termites.

La troisième sous-famille des Tenrecidae est les Oryzorictinae, comprenant 26 espèces placées dans trois genres différents, et qui présente une grande variété de formes. Les plus remarquables chez Oryzorictinae sont les diverses espèces du genre *Microgale* comprenant actuellement 23 espèces différentes, connues dans différentes régions de l'île. Un bon pourcentage est limité aux forêts humides, mais un grand nombre d'espèces ont été rencontrées dans les forêts sèches. Plusieurs nouvelles espèces de *Microgale* ont été décrites pour la science ces dernières décennies. Les membres de ce genre varient en taille allant des animaux minuscules dont la longueur du corps et de la queue fait moins de la moitié de la longueur d'un doigt, à ceux qui atteignent la taille d'une main. Il existe aussi une grande variété d'**adaptations** différentes, telles chez les espèces à longue queue dont la pointe est utilisée pour la saisie, comme un cinquième appendice (**préhensile**) et d'autres à fourrure dense et courte, de petits yeux et des membres courts et puissants qui leur permettent de creuser le sol (**fouisseurs**) (Figure 2).

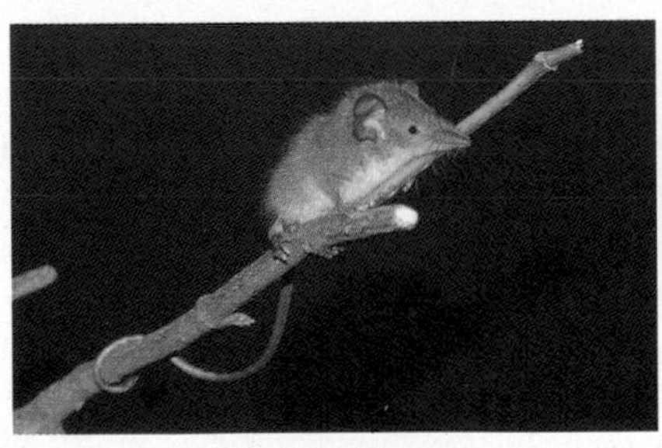

Figure 2. Les membres de la sous-famille des Oryzorictinae, en particulier le genre *Microgale*, ont considérablement des différentes **adaptations** associées avec leur mode de déplacement, celles-ci incluant **à gauche**) quatre espèces avec une longue queue dont l'extrémité est utilisée pour la saisie, comme un cinquième appendice (**préhensile**) et **à droite**) d'autres espèces à pelage dense et court, de petits yeux et des membres courts et puissants qui leur permettent de creuser le sol (**fouisseurs**). (Clichés par Harald Schütz.)

Parmi les membres du genre *Microgale*, les plus petites espèces sont insectivores et les plus grandes sont occasionnellement **carnivores**, par conséquent, ce genre est plutôt considéré comme **omnivore**. A bien des égards, ces différentes espèces de *Microgale* ressemblent aux musaraignes (famille des Soricidae) à cause de leur forme, en particulier leur long nez pointu, leur corps mince, leurs pattes courtes et leur queue ; les *Microgale* sont d'ailleurs souvent dénommées tenrec-musaraigne. Cependant, cette appellation est erronée car ces animaux, dans leur **histoire évolutive**, n'ont rien à voir avec les musaraignes et tout autre aspect de cette similitude est associé à une **évolution convergente** (voir p. 31). Un autre genre au sein de cette sous-famille est *Oryzorictes*, avec deux espèces reconnues, et présentant une similitude morphologique notable avec les taupes ; un autre cas d'évolution convergente. Un des genres remarquables chez Oryzorictinae est *Limnogale*, qui est une sorte de *Microgale* aquatique avec des pattes modifiées comme celles d'un canard **palmées** et une queue aplatie en partie qu'il utilise comme pagaie et comme **gouvernail** afin de se diriger dans l'eau.

Les musaraignes (ordre des Soricomorpha, famille des Soricidae) – les deux espèces de musaraignes présentes à Madagascar ont été introduites (allochtone).

Deux espèces de musaraignes sont connues à Madagascar. Les membres de ce genre ont de larges distributions dans l'**Ancien Monde**. Les deux espèces de *Suncus* présentes à Madagascar se nourrissent d'**invertébrés**. La première espèce, *S. murinus*, est d'origine asiatique et a probablement été introduite sur l'île grâce au transport maritime par les commerçants arabes entre le 11ᵉ et le 14ᵉ siècle (74, 114). Un contexte culturel important associé à cette introduction peut être trouvée dans son nom malgache, *voalavoarabo*, qui signifie « souris arabes ». Cette espèce est largement présente sur l'île, tant dans les milieux forestiers que près des hommes, dans les maisons et autres bâtiments (**synanthropique**). Elle a un ensemble de glandes, les mâles adultes en particulier, qui produit une odeur de musc âcre caractéristique révélant sa présence dans et autour des habitations humaines.

La seconde espèce est la minuscule *Suncus etruscus*, dont la femelle en **gestation** pèse environ 2 g, et est probablement le plus petit mammifère **terrestre** sur la planète (Figure 3). Elle a tendance à vivre dans les forêts, avec quelques cas particuliers habitant dans un contexte synanthropique. Selon les publications de la littérature scientifique, cette espèce est **endémique** (**autochtone**) à Madagascar et était connue sous le nom de *S. madagascariensis*, mais des recherches récentes fondées sur la comparaison des **ADN** (voir p. 23) des membres de ce genre de différentes régions d'Asie, d'Europe, et d'Afrique

Figure 3. La plus petite espèce des mammifères à Madagascar et d'ailleurs dans l'échelle mondiale, est *Suncus etruscus*, qui a été auparavant considéré comme une espèce **endémique** de l'île et porte le nom de *S. madagascariensis*. Une femelle en **gestation** pèse environ 2 g. (Cliché par Harald Schütz.)

indiquent que, comme son grand cousin *S. murinus*, elle a aussi été introduite à Madagascar, et proviendrait d'une espèce asiatique, *S. etruscus*. Cet exemple simple de changement de nom scientifique d'une espèce permet de souligner que les informations actuelles sur la distribution et l'origine des changements des mammifères de Madagascar à travers le temps, particulièrement associées aux études de **génétique moléculaire**, apportent de nouveaux éclairages sur les relations entre les espèces et la **systématique** des petits mammifères de Madagascar.

Les rongeurs malgaches (ordre des Rodentia, famille des Nesomyidae) – ils sont présents en Afrique et à Madagascar, la sous-famille des Nesomyinae n'étant seulement présente qu'à Madagascar.

La sous-famille des Nesomyinae est représentée par neuf genres et 27 espèces, toutes endémiques à Madagascar. Dans presque tous les cas, les différentes espèces de cette sous-famille sont limitées à un type spécifique de forêt naturelle. Deux genres différents et 10 espèces appartenant à ce groupe ont été décrits comme nouveaux pour la science ces deux dernières décennies. Les membres de ce groupe se nourrissent en grande partie de graines (**granivores**) et de fruits (**frugivores**), mais peuvent consommer d'autres types d'aliments à l'occasion, tels que des tubercules et des feuilles (**folivores**).

Comme pour les Tenrecidae, les Nesomyinae sont issus d'un **ancêtre** commun (**monophylétiques**) et montrent une remarquable variété de formes et de modes de vie différents, représentant ainsi une **radiation adaptative** extraordinaire. Basé sur la capacité d'adaptation remarquable à l'**évolution**, ils ont divergé dans des groupes d'animaux qui se ressemblent mais qui agissent de façon très différente les uns des autres, vivant dans des **habitats** différents ou dans les mêmes parties de forêt, et en partageant les ressources disponibles avec une concurrence minimale. Certaines espèces montrent des caractères morphologiques similaires aux animaux trouvés hors de Madagascar et représentent des niveaux extraordinaires d'évolution **convergente**. Par exemple, le genre *Macrotarsomys* ressemble aux rat-kangourous du **Nouveau Monde** ou aux gerbilles de l'**Ancien Monde** ; ou encore le genre *Brachyuromys*, dont les membres ont des traits communs avec les campagnols, ressemblent extrêmement aux lémuriens **arboricoles** avec leurs **yeux luisants** ; *Gymnuromys* et *Voalavo* ont des formes classiques de rongeurs.

Parmi les Nesomyinae, le genre *Eliurus* est le plus largement répandu et riche en espèces, avec actuellement 12 espèces reconnues. Ces animaux sont en grande partie arboricoles et caractérisés par une longue queue avec des poils sur un peu moins de la moitié qui deviennent plus longues vers l'extrémité. Il est possible de trouver jusqu'à quatre espèces dans une forêt donnée, mais elles se rencontrent souvent dans des sections différentes de la forêt (de basse altitude jusqu'à la haute montagne), cela permet aux animaux de partager l'espace disponible dans un **écosystème** (**niche écologique**). Au cours des dernières décennies, grâce en partie à l'utilisation des caractères **morphologiques** et aux études de **génétique moléculaire**, un certain nombre de nouvelles espèces de ce genre ont été décrites et d'autres restent encore à être nommées (Figure 4). Cette dernière technique fournit une fenêtre très précise sur l'**histoire évolutive** de ces animaux et aide considérablement en fournissant les moyens pour séparer les espèces qui montrent une remarquable similitude morphologique externe.

Figure 4. Résultats de recherches récentes utilisant les techniques de **génétique moléculaire** qui ont été extrêmement utiles pour permettre de comprendre l'histoire de **spéciation** chez les rongeurs malgaches et de découvrir des espèces qui étaient antérieurement inconnues. L'animal sur cette illustration est *Eliurus carletoni*, qui est un exemple concret d'une **espèce cryptique** découverte d'après des études moléculaires. (Cliché par Harald Schütz.)

Un des membres les plus remarquables de cette sous-famille est *Hypogeomys antimena*, qui se trouve aujourd'hui uniquement dans la région de Menabe central, dans le nord de Mahabo jusqu'au Sud du fleuve Tsiribihina. Il est le plus gros rongeur vivant à Madagascar, avec des adultes pesant un peu plus de 1 kg. Probablement à cause de certains facteurs, comme le **changement climatique** naturel au cours des derniers milliers d'années, ainsi que des changements d'habitat à large échelle d'origine humaine (**anthropogéniques**), cette espèce est très rare et est menacée de l'**extinction**.

Les rongeurs introduits (ordre des Rodentia, famille des Muridae) – ils vivent dans une grande partie du monde, y compris Madagascar, où ils sont représentés par les membres exotiques (allochtone) de la sous-famille des Murinae.

Quand la plupart des gens évoquent les rongeurs, c'est à ce groupe qu'ils pensent, soit aperçus traversant une route ou un chemin pendant la nuit, ou trahis par les signes révélateurs de nourriture grignotée ou de **fèces** dans les maisons ou les champs de riz, ou le jacassement de ces animaux qui fouillent les poubelles. Deux genres, *Rattus* et *Mus*, ont été **introduits** par l'homme à Madagascar, le premier genre avec deux espèces et le second avec une seule espèce (voir p. 29 pour plus de détails). Ces animaux ont également été introduits dans d'autres régions du monde.

Toutes les espèces présentes à Madagascar vivent en étroite association avec les hommes dans les zones agricoles ou directement dans les maisons et autres structures construites par l'homme (**synanthropiques**). Dans le cas de *Rattus rattus* et dans une moindre mesure pour *Mus musculus*, ces animaux sont capables de **coloniser** les forêts naturelles, à des dizaines de kilomètres de toute habitation humaine. Ces animaux sont en grande partie **granivores**, mais se nourrissent également d'autres types d'aliments, en particulier chez les membres du genre *Rattus*, qui seraient plutôt classés parmi les **omnivores**.

Puisque ces animaux ont été introduits à Madagascar, cela signifie que leurs origines sont venues d'ailleurs : *Rattus rattus* venant d'Asie du Sud-est, *R. norvegicus* du Sud-est de la Sibérie et du Nord de la Chine et *Mus musculus* du Moyen Orient. Les membres de cette famille et leurs **ectoparasites** sont des réservoirs de différentes maladies qui affectent les êtres humains. La plus importante d'entre-elles est sans doute la **peste**, qui est transmise à l'homme par les piqûres des puces de rat, porteuses des bactéries. Cette maladie a été introduite à Madagascar probablement au cours de la période de forte affluence des marchands arabes du 11ème jusqu'au 14ème siècle et demeure un grave problème dans certaines parties de l'île, en particulier sur les Hautes Terres centrales et dans les environs du port de Mahajanga.

BIOLOGIE ET HISTOIRE NATURELLE DES PETITS MAMMIFERES

Parmi les trois groupes de petits mammifères étudiés dans ce livre, les tenrecs, les musaraignes et les rongeurs, tous présentent des modes de vie et des aspects de biologie associée. Ci-dessous nous traitons chaque groupe séparément et présentons des informations sur leur répartition et **mœurs**, leur **morphologie** et taille, locomotion, vie sociale, écologie et communication, **reproduction** et **conservation**, et enfin leurs interactions avec les hommes.

Les tenrecs (Tenrecidae)

Distribution et habitats - Les membres de cette famille se trouvent dans une gamme d'**habitats** à Madagascar, allant de l'Est, des forêts humides de basse altitude aux forêts de haute montagne (**perturbées** et **dégradées**), des zones de savane ouverte des Hautes Terres centrales, des forêts sèches à feuilles **caducifoliées** et des habitats perturbés de l'Ouest, et même le **bush épineux** dans le Sud et le Sud-ouest. Deux groupes semblent les plus adaptés dans des habitats naturels qui ont subi des perturbations humaines, il s'agit des tenrecs épineux de la sous-famille des Tenrecinae et le genre *Oryzorictes* de la sous-famille des Oryzorictinae.

Les tenrecs sont communs notamment en dehors des formations forestières naturelles, incluant les vastes étendues de prairies qui se présentent à travers l'île et témoignant un résultat direct de la perturbation **anthropique** sur l'**environnement** naturel. Les genres plutôt communs dans ces habitats perturbés sont *Tenrec*, *Setifer* et *Hemicentetes* et peuvent même être trouvés dans les villes et villages. Par exemple, au moins jusqu'à récemment, il était possible de voir *T. ecaudatus* traverser la route la nuit à la périphérie d'Antananarivo, en particulier dans des quartiers tels que Alarobia, *H. nigriceps* dans les villes et villages des Hautes Terres centrales, comme Ambalavao et Fianarantsoa et *H. semispinosus* dans une forêt très dégradée comme le *savoka* qui longe la route de Toamasina et aussi dans la ville de Sahambavy près de Fianarantsoa.

L'origine du nom *Oryzorictes* vient du grec et signifie « fouisseur de riz », étant donné que certains des premiers **échantillons** utilisés dans sa description venaient de rizières, hors des habitats forestiers naturels. En fait, cette espèce serait partiellement adaptée pour vivre dans des habitats tels que les **marais** ou au moins dans des zones de sols mous et humides, et les champs de riz sont également des habitats parfaits. Il existe d'autres membres de la sous-famille des Oryzorictinae qui paraissent également adaptés à l'habitat de marais, comprenant *Microgale pusilla*, qui a été trouvée dans des prairies ouvertes et des zones **marécageuses** de culture du riz aux abords d'Antananarivo (53).

A l'opposé, il existe un certain nombre d'espèces qui paraissent dépendantes des **écosystèmes** forestiers intacts, et après des années de recherche, n'ont jamais été prises au piège ni même observées hors de ces écosystèmes. Il s'agit d'animaux tels que *Microgale gymnorhyncha*, qui a été décrit comme nouveau pour la science en 1996 (80) à partir de spécimens récoltés dans les forêts d'Andringitra. Des études ultérieures, effectuées dans d'autres régions montagneuses de l'Est de l'île ont permis de connaître que cette espèce fréquente dans un large éventail géographique, mais elle ne vit qu'à des altitudes bien spécifiques. C'est un animal **fouisseur** et il a probablement besoin d'un niveau élevé d'humidité du sol sous la **canopée** des forêts de montagne. *Microgale gracilis* est un autre animal qui semble avoir les mêmes exigences d'habitat que *M. gymnorhyncha*. Toutefois, ce dernier a été trouvé dans une plantation de pins **introduits** à proximité de la forêt de montagne du massif d'Ankaratra (51).

Un autre bon exemple de l'adaptabilité de certaines espèces aux **habitats** modifiés par l'homme (**anthropogéniques**) est le tenrec semi-aquatique, *Limnogale mergulus*, qui auparavant était uniquement connu dans les cours d'eau des forêts intactes humides de l'Est, où les **proies** aquatiques sont en plus grande abondance (8). Cependant, ce n'est pas toujours le cas, car cette espèce est commune notamment dans un cours d'eau du Vakinankaratra, plus précisément près de la station forestière d'Antsampandrano (7, 88), où il n'y a pas de forêts **indigènes** à des kilomètres à la ronde. Par conséquent, ces cas démontrent que certains animaux, préférant les écosystèmes forestiers intacts, peuvent s'adapter à des habitats **perturbés**.

Morphologie et taille - Dans la famille des Tenrecidae, les espèces varient en taille allant jusqu'à presque 1 kg pour *Tenrec ecaudatus* à environ 3,5 g pour *Microgale pusilla* et *M. parvula*. Les membres de cette famille constituent l'un des plus extraordinaire **radiation adaptative** chez les mammifères du monde entier, incluant une multitude de formes différentes, la coloration et la texture de la fourrure, et les **adaptations** physiques afin de vivre sous des conditions particulièrement écologiques. Par exemple, parmi les Tenrecinae ou les tenrecs épineux, les épines du dos de ces animaux agissent comme une protection partielle contre les **prédateurs**. Lorsqu'ils sont menacés, les membres du genre *Setifer* et *Echinops*, qui présentent de courtes épines denses, se roulent en boules serrées, d'une façon très semblable aux hérissons, qui sont absents à Madagascar, et ces épines découragent certains prédateurs potentiels (Figure 5). Même avec cette protection particulière, les membres de cette sous-famille sont connus pour être mangés par le plus grand **Carnivora** vivant sur l'île, *Cryptoprocta ferox* (54, 69).

Les épines des membres du genre *Hemicentetes* présentent quelques modifications extraordinaires (Figure 6). Tout d'abord, les pointes des épines ont une petite mais très efficace structure en forme de hameçon, qui s'accroche fermement à la chair des prédateurs. Ces épines sont amovibles et quand

Figure 5. *Cryptoprocta ferox* est le plus grand **Carnivora** actuel de Madagascar et dans certaines localités ou pendant des diverses saisons, les petits mammifères constituent une proportion significative de son **régime alimentaire**. (Cliché par Harald Schütz.)

Hemicentetes est attaqué par des carnivores, **endémiques** ou introduits comme les chiens, l'attaquant peut recevoir une volée d'épines pointues et douloureuses qui sont très difficiles à enlever et qui peuvent conduire à une infection grave. Une leçon qui n'est pas facile à oublier pour le prédateur la prochaine fois au cas où il envisagera d'attaquer un membre de ce genre. Ces animaux ont aussi des épines sur le dos qui sont modifiées pour la communication **intraspécifique** (voir p. 18). En outre, la bande des piquants le long de la partie centrale du dos des deux membres de ce genre a une coloration distincte qui est supposée les rendre **cryptiques** dans certains types de végétation, et apporte une certaine protection contre les prédateurs.

Dans la sous-famille des Oryzorictinae, la plupart des espèces, en particulier celles qui vivent notamment dans les forêts humides de l'Est, ont une fourrure fine et épaisse afin de maintenir leur corps à une température constante dans les endroits relativement frais et humides. Cela est particulièrement perceptible chez les espèces **terrestres** et en particulier chez les espèces **fouisseuses**, comme *Microgale dryas*, *M. gracilis* et *M. gymnorhyncha*. En général, la fourrure des espèces *Microgale* vivant dans les forêts sèches de Madagascar est moins épaisse, ils ont sans doute moins de difficultés dans ces types d'**habitat** pour maintenir leur température du corps. Il est étonnant de voir que *Limnogale* semi-aquatique a une fourrure lui permettant de nager dans l'eau pendant de longues

Figure 6. *Hemicentetes* ont des piquants sur le dos, modifiés en mécanisme de défense contre les **prédateurs** et en même temps capables d'émettre une sorte des bruits **ultrasoniques** utilisés pour se communiquer entre les individus d'une même espèce. L'espèce illustrée ici est *H. nigriceps*. (Cliché par Harald Schütz.)

périodes, mais sans devenir trempé jusqu'aux os.

La longueur de la queue chez les membres de cette famille varie considérablement. Chez les Tenrecinae, la queue est complètement absente ou très petite. Par exemple, le nom scientifique de l'espèce *Tenrec ecaudatus* signifie « sans queue ». Le *Limnogale* semi-aquatique a une queue légèrement aplatie de même longueur que son corps et couverte de poils denses long de sa face inférieure, qui forme une quille distincte utilisée comme un **gouvernail** lors de la baignade. L'une des plus remarquables **adaptations** de la queue des tenrecs se trouve dans le complexe de quatre espèces (*Microgale longicaudata*, *M. majori*, *M. principula* et *M. prolixacaudata*). Pour ces animaux, la longueur de la queue est 2 à 3 fois plus longue que le corps, et la dernière partie de celle-ci est **préhensile,** c'est-à-dire que la pointe peut être enroulée autour de petites branches ou de lianes, agissant comme un cinquième appendice. La force de préhension est suffisante pour que ces animaux puissent rester en suspension seulement grâce au soutien de la pointe de leur queue enroulée autour de la végétation (Figure 2 à gauche). Il s'agit presque certainement d'une adaptation de ces animaux à vivre dans la végétation dense du sol.

Dans une large mesure, la plupart des tenrecs ont des pattes relativement larges et plates ce qui leur permettent de vivre au sol et de marcher sur des surfaces relativement planes et dures. Certaines espèces parmi ces **plantigrades** ont de longues griffes relativement épaisses qui sont adaptées pour creuser le sol à la recherche d'**invertébrés**. La force des pattes antérieures de certains **taxa**, tels qu'*Oryzorictes*, est extraordinaire et ces animaux sont difficiles à tenir dans la main à cause des mouvements de leurs pattes antérieures, avec lesquelles ils peuvent facilement s'échapper. Compte tenu de cette force et de leurs longues griffes, ces animaux ont probablement la capacité de creuser des **terriers**, de la même façon qu'un tunnelier.

Régime alimentaire - Très peu d'études des habitudes alimentaires ont été réalisées sur cette famille. Une des études la plus détaillée concerne *Tenrec ecaudatus* (1), qui est en grande partie **insectivore**, mais il est plutôt considéré comme un **omnivore**. Il montre des changements dans ses habitudes alimentaires selon la saison et ses activités de **reproduction**. Cette étude, réalisée à la fin de la saison des pluies, a montré que les larves de coléoptères sont les plus couramment consommées, suivies par les termites, les fourmis, les larves de lépidoptères, les mille-pattes et les fruits.

Les informations sur le régime alimentaire des membres du genre *Microgale* ne sont pas très avancées (127, 129). Parmi six *Microgale* **sympatriques** présents dans le Parc National de Ranomafana, aucune différence claire n'a été trouvée dans les invertébrés consommés (128). Le groupe d'insectes le plus consommé était les orthoptères, suivi des hyménoptères et enfin des coléoptères. Les membres de ce genre ont notamment de hauts taux de **métabolisme** (105) et en conséquence de leur taille, il leur faut consommer proportionnellement une grande quantité de nourriture.

Une des espèces dont le régime alimentaire a été le plus intensivement étudié est *Limnogale*. Des informations antérieures, fondées en grande partie sur le contenu de l'estomac et d'**échantillons** fécaux, a indiqué que ces animaux se nourrissent de petites grenouilles, de poissons, d'écrevisses et d'insectes aquatiques (32, 33, 67, 88). Plus d'informations récentes basées sur un grand nombre de **fèces** obtenues à l'intérieur et autour du Parc National de Ranomafana, indiquent qu'ils se nourrissent essentiellement de larves d'insectes aquatiques, particulièrement d'éphémères, de libellules et de phryganes, et à un bien moindre mesure, de têtards de grenouilles et d'écrevisses (8).

Vie sociale, écologie et communication - Comme l'on peut l'imaginer, étant donné les **mœurs nocturnes** et la taille de la plupart des membres de cette famille, peu de détails sur leur vie sociale sont connus. Sur la base d'études menées aux Seychelles sur *Tenrec ecaudatus*, qui y a été **introduit**, les animaux peuvent vivre jusqu'à 4 à 5 ans (97). Chez cette espèce, la **torpeur** saisonnière commence à l'automne austral, après une période d'engraissement qui suit la saison de **reproduction** et la masse corporelle peut doubler par rapport à la masse normale. Aux Seychelles, le **domaine vital** des individus habitant la même zone se chevauche, les animaux peuvent couvrir 1 ha pendant les activités nocturnes, mais cet aspect montre des variations saisonnières considérables associées à l'activité de reproduction et à la disponibilité de la nourriture.

La plupart des espèces occupent des **terriers**. Par exemple, *Limnogale mergulus* creuse des terriers horizontaux sur les bords de rivières, ces terriers se situant à environ 0,5 m au-dessus du niveau de l'eau, faisant 10 cm de diamètre, 17 cm de profondeur et tapissés d'herbes et de brindilles (88). Dans le cas des *Tenrec*, les terriers sont creusés et scellés de l'intérieur, où les animaux peuvent passer jusqu'à huit mois de torpeur ; les mâles réapparaissent quand la température devient plus chaude, plusieurs semaines avant les femelles en moyenne (96).

Un exemple extraordinaire de communication se présente chez le genre *Hemicentetes*. Ces animaux ont modifié les épines ou les piquants de la partie centrale de leur dos qui sont aplatis et attachés à un muscle. Lorsqu'ils sont confrontés à un **prédateur** ou à d'autres menaces potentielles, ces animaux peuvent se communiquer entre eux en déplaçant ce muscle, les épines se mettent alors à **striduler** et à produire une sorte de sons d'**écholocation** qui sont présumés être en dehors de la gamme d'ouïe des prédateurs potentiels (66). Ainsi, les individus sont en mesure de signaler différentes sortes d'informations sans révéler leur présence à d'autres espèces, surtout aux prédateurs, qui sont dans les environs.

Reproduction - Comme les autres aspects mentionnés ci-dessus, la **reproduction** de *Tenrec ecaudatus* est probablement la plus intensivement étudiée parmi les membres de cette famille. En sortant d'**hibernation**, les mâles sont actifs sexuellement, établissent très vite leurs **territoires**, et s'accouplent rapidement avec les femelles qui sortent d'hibernation quelques semaines plus tard que les mâles (96). Les premiers jeunes de la saison naissent deux mois plus tard. Un des aspects remarquable de cette espèce est sa capacité à produire un grand nombre de jeunes (Figure 7), avec des femelles pouvant donner naissance à 32 petits au cours d'une seule portée. C'est le record parmi les mammifères du monde entier.

Figure 7. Les femelles de *Tenrec ecaudatus* sont très remarquables pour leur capacité d'engendrer une progéniture nombreuse. Une femelle pouvant donner naissance à 32 petits au cours d'une seule portée est le record parmi les mammifères du monde entier. Une femelle entourée des **juvéniles** est illustrée ici. (Cliché par Harald Schütz.)

Certaines informations existent en matière de reproduction chez *Limnogale*. Les jeunes naissent en décembre-janvier et la taille de la portée est en principe de deux petits. Une femelle en lactation a été capturée à Antsampandrano le 17 décembre 1963 et deux jeunes sont sortis des terriers mi-janvier (88). Les portées chez les différentes espèces de *Microgale* varient de deux à six petits et le nombre de mamelles sont normalement trois ou quatre paires. En outre, les membres de ce genre commencent à se reproduire une fois la taille adulte atteinte, qui est de six à huit semaines chez certaines espèces. Dans certains cas, les individus qui se reproduisent ne sont pas encore adultes techniquement, étant donné que certaines parties de leur squelette ne sont pas encore complètement

ossifiées ou que les dents définitives ne sont pas complètement sorties (avec des **dents de lait**).

Conservation et interactions avec les humains - Pour la plupart des **taxa** de Tenrecidae, trop peu de détails sont disponibles sur leur répartition et **population** afin de bien évaluer leur état de **conservation**. Cinq membres de Tenrecinae et le seul membre de Geogalinae sont tous considérés comme « préoccupation mineure » par l'Union Internationale pour la Conservation de la Nature (UICN ou l'IUCN en anglais), et parmi les 24 membres des Oryzorictinae traités pour de telles évaluations, deux sont considérés comme espèces « en danger » (*Microgale jenkinsae* et *M. jobihely*), quatre comme « vulnérables » (*Limnogale mergulus*, *M. dryas*, *M. monticola* et *M. nasoloi*), et le reste, soit comme « préoccupation mineure » ou comme « données insuffisantes » (76). Dans le cas de *M. jenkinsae*, cette espèce récemment décrite n'est connue que grâce à deux **échantillons** prélevés dans une même localité de la forêt de Mikea (45).

De nombreux exemples peuvent être présentés en ce qui concerne l'importance de la poursuite des inventaires biologiques pour définir l'état de conservation des membres de cette famille. En 1999, une nouvelle espèce, *Microgale nasoloi*, a été décrite à partir d'un échantillon obtenu dans la forêt de Vohibasia au Nord de Sakaraha et cette espèce a été retrouvée sur le massif d'Analavelona au Nord-ouest de Sakaraha (79). Une évaluation de la situation de cette espèce l'a considérée comme « en danger », en grande partie en raison de sa distribution à petite échelle (75). Par la suite, en 2006, les inventaires de petits mammifères menés dans la région de Menabe central, y compris les forêts de Kirindy (CNFEREF), région qui a déjà été intensivement étudiée ont permis d'y trouver cette espèce pour la première fois (130). Cette extension importante augmente considérablement l'aire de répartition de cette espèce, et elle est maintenant considérée comme « vulnérable » (76). Les trois espèces de *Microgale* considérées comme « vulnérables » ont été découvertes et décrites comme nouvelles pour la science au cours des deux dernières décennies. Ces différents points montrent que la poursuite des inventaires biologiques avec des spécimens de référence associés sont nécessaires pour obtenir de nouvelles informations plus précises sur la répartition des différents membres des Oryzorictinae, essentielles pour bien définir leur état de conservation.

Des recherches ont été menées sur l'impact de la fragmentation de l'**habitat** sur la répartition des différents membres des Oryzorictinae, en particulier ceux du genre *Microgale* (42, 99). Les forêts fragmentées de la Réserve Spéciale d'Ambohitantely sont un site idéal pour ce genre d'étude avec plus de 500 parcelles forestières différentes, dont la taille varie de 1 250 à moins de 1 ha. Ces forêts étaient un habitat forestier continu avant la modification par l'homme (83). Les résultats indiquent que la plus grande parcelle a la plus grande diversité d'espèces, et quand les blocs deviennent plus petits, le nombre d'espèces diminue proportionnellement. Cela implique que ces animaux sont sensibles à la réduction de la taille des forêts, qui a un impact direct sur les différents aspects des **dynamiques de** leur **population**, la disponibilité des territoires occupés et l'infiltration du soleil dans le « centre » de la forêt. L'**effet de lisière** a également un effet négatif sur la densité des **invertébrés** du sol dont *Microgale* se nourrit. De plus, avec une fragmentation accrue de la forêt, les petits mammifères **introduits** (**allochtone**), en particulier *Rattus rattus*, abondent et ils peuvent facilement se nourrir de petits de musaraignes et tenrecs ou entre en concurrence d'autres manières.

En plus de la destruction des habitats, les membres de la sous-famille des Tenrecinae, sont largement consommés par les riverains comme **gibier** ou **viande de brousse** dans différentes parties de l'île, en particulier *Tenrec ecaudatus* (35, 36) et aussi *Echinops telfairi* et *Setifer setosus*. Ce type de comportement varie de pure **subsistance** et un complément protéique important pour les gens qui ont peu de moyens pour obtenir de la viande à ceux qui ont des ressources financières importantes et qui traitent la chair de ces animaux comme un mets délicat (Figure 8). Chaque année, vers la fin de la saison des pluies, les membres de cette famille présentent une augmentation considérable de

Figure 8. Dans différentes régions à Madagascar, les membres de la sous-famille des Tenrecinae constituent une source importante des protéines durant la période de soudure pour les populations rurales. Cette photo a été prise à la limite du Parc National de Kirindy Mite et elle montre 11 gros *Tenrec ecaudatus* qui sont grillées par un père de famille. (Cliché par Harald Schütz.)

la graisse du corps, un mécanisme pour se préparer à entrer en **torpeur** pendant la saison fraîche et sèche à venir, c'est quand ils sont bien dodus qu'ils sont les plus appréciés. Des tas d'os de *T. ecaudatus* et d'*E. telfairi* qui étaient des restes de table ont été observés dans plusieurs endroits forestiers. Ces animaux sont chassés pour répondre aux besoins quotidiens. Ces deux espèces sont aussi collectées massivement et vendues vivantes ou grillées sur les marchés. Le *Tenrec* a été introduit dans les îles voisines, y compris les Seychelles, Maurice, La Réunion et les Comores, où sa chair est très estimée en particulier sur les trois premières îles de la communauté créole. Par exemple, en 2010 le prix d'un seul *Tenrec* à Maurice pouvait atteindre 500 Roupies mauriciennes soit environ 12 Euros.

Différentes techniques sont utilisées à Madagascar pour piéger ces animaux, y compris l'utilisation des chiens renifleurs qui les localisent dans leurs lieux de repos, comme les troncs d'arbres abattus, au pied de troncs d'arbre partiellement creux, et dans des **terriers**. Dans d'autres cas, les chasseurs passent la forêt au peigne fin à la recherche de signes de la présence de ces animaux et suivent les sentiers jusqu'à ce qu'ils localisent les gibiers. Par la suite, ils peuvent être capturés à la main et gardés en vie ou être immédiatement tués avec des lances ou des machettes. Dans certaines régions de l'île, la chair de ces animaux a une importance commerciale et ils sont vendus vivants, en carcasses ou rôtis sur les marchés ou le long de la route. Voici un exemple de la façon dont ces animaux étaient estimés dans le milieu des années 1990 à Ankazoabo-Atsimo : le prix au kilo d'un *Tenrec* était plus élevé que celui de la viande de bœuf. A travers les campagnes de l'île, en particulier à proximité de zones forestières, *Tenrec* est communément servi de façon saisonnière dans les restaurants locaux (*hotely*) comme plat du jour.

A Madagascar et ses îles voisines, il existe des personnes vivant à la campagne qui élèvent avec succès des *Tenrec* sauvages capturés, ils mangent du riz et les restes de nourriture. En outre, différentes tentatives d'**élevage en captivité** ont été faites à l'échelle commerciale avec un succès mitigé.

Un certain nombre de tabous culturels (*fady*) sont pratiqués en ce qui concerne la consommation de la chair des différents Tenrecinae de Madagascar. Par exemple, pour la majorité des Betsileo, *Setifer* est un tabou strict et il ne faut surtout pas y toucher tandis que quelques familles ont le droit de manger *Tenrec* et *Hemicentetes*. Chez la plupart des Antaisaka, Antefasy et Antaimbahoaka dans la partie Sud-est, le Tenrecinae est aussi un tabou et il faut éloigner l'animal qu'il soit vivant ou mort.

Les musaraignes (Soricidae)

Distribution et habitats - Les membres de cette famille sont connus dans une grande variété d'**habitats** à Madagascar, incluant différents milieux forestiers, tels que les forêts de basse altitude et celles des montagnes humides, la forêt littorale, les forêts sèches caducifoliées et le bush épineux. Ces animaux sont également présents dans des zones agricoles, d'habitations et d'autres types de bâtiments associés à l'homme (**synanthropiques**). L'une des deux espèces, *Suncus murinus*, a été clairement **introduite** (74). La plus vieille trace de *S. murinus* à Madagascar provient des restes de squelettes récoltés à Mahilaka, ville portuaire islamique du 11ème au 14ème siècle et située au Sud de l'actuelle ville d'Ambanja (106, 114).

Le statut de la seconde espèce, considérée auparavant comme *Suncus madagascariensis*, jusqu'à très récemment reste incertain bien qu'elle soit citée comme **endémique** de l'île dans la littérature. De recherches **génétiques moléculaires** indiquent qu'il existe peu de différenciations entre les **populations indigènes** de l'Inde d'une espèce nommée *S. etruscus* et celle de *S. madagascariensis* de la Grande Ile (101). Ainsi, *S.* « *madagascariensis* » a été aussi introduit à Madagascar et, dans ce cas, le nom approprié pour la population malgache est *S. etruscus*.

Morphologie et taille - Les deux espèces de *Suncus* présentes à Madagascar sont généralement similaires au niveau de la forme du corps, avec un pelage gris clair, les têtes allongées se terminant par un museau pointu et une queue en grande partie nue avec des poils épars et légèrement plus courte que la longueur du corps. *Suncus murinus* est notablement plus grande que *S. etruscus*. Ces espèces sont exclusivement **terrestres**, capables d'occuper des trous dans les racines des arbres, des terriers peu profonds, et d'autres types d'endroits. Aucune preuve réelle ne nous montre que ces animaux soient **fouisseurs**.

Régime alimentaire - Les musaraignes se nourrissent en grande partie d'**invertébrés** (**insectivores**), ils ont un sens très fin de l'**odorat** (**olfaction**) et une ouïe fine qu'ils utilisent pour localiser leurs **proies**. Les proies capturées sont tuées par une morsure au cou, profonde entaille des incisives, de manière similaire au faucon tuant ses proies. *Suncus murinus*, peut se nourrir également d'autres types de nourriture et est plutôt considéré comme **omnivore**. Sur le sous-continent indien, les jeunes de cette espèce commencent à consommer des aliments solides 14 jours après la naissance et sont sevrés vers le 20e jour (6). Lorsque la nourriture est disponible, ces animaux mettent en réserve dans différentes cachettes un nombre important d'insectes.

Vie sociale et communication - L'activité de **reproduction** de *Suncus murinus* semble dépendre partiellement de la longueur du jour (121). Les mâles affichent entre eux des comportements agressifs afin de rechercher et d'attirer les femelles pour s'accoupler, ce comportement comprend également des vocalises perçantes, des morsures du corps et de la queue et des bagarres. Avant de copuler (**accouplement**), les individus ont une série de comportements rituels en utilisant différentes méthodes sensorielles, y compris le toucher (**tactile**), le son (**acoustique**) et les odeurs (odorat) (90).

Conservation et interactions avec les humains – Comme les membres malgaches de cette famille ont été introduits ou présumés l'être, la question sur leur statut de **conservation** locale n'a pas besoin d'être pris en considération. En fait, cette notion doit être formulée d'une manière différente : Quels sont les impacts des membres de *Suncus* sur les petits mammifères **indigènes** de Madagascar ? Heim de Balsac (70) proposait une situation où *S. murinus*, après avoir envahi les forêts naturelles, rentrerait en **compétition** avec des espèces plus petites de la sous-famille des Tenrecinae, particulièrement le genre *Microgale*, ou en serait le **prédateur**. Bien qu'elle soit connue, cette espèce **colonise** les forêts naturelles, nous n'avons trouvé aucune preuve qu'elle remplace les tenrecs indigènes. A titre d'exemple, elle se rencontre dans les plus grands blocs forestiers d'Ambohitantely tout comme les espèces de *Microgale* qui y sont normalement trouvées (42). D'ailleurs, jusqu'à présent, *S. murinus* n'existe dans la région forestière qu'en faible abondance. Par contre, sur les îles voisines, *S. murinus* pose un sérieux problème de concurrence avec d'autres **vertébrés** terrestres et les programmes d'éradication ont eu un succès mitigé (143).

Dans certaines régions de Madagascar, *Suncus murinus* est connu pour être un réservoir de transmission de la **peste**. Il y a quelques années, un vaste programme a été installé pour éliminer ou du moins réduire considérablement les **populations** de *Rattus* dans la zone entourant le port de Mahajanga. Ce rongeur introduit a été considéré comme le principal réservoir de peste à Madagascar, maladie transmise par les puces qui peuvent la transmettre aux humains par piqûre de ces **ectoparasites**. Dans ce cas, avec la mortalité massive de *Rattus*, leurs puces ont été transférées à *S. murinus*, un autre mammifère **synanthropique**, et c'est alors que *S. murinus*, avec les puces de *Rattus* est devenu la source de transmission de maladies aux humains.

Les rongeurs malgaches (Nesomyinae)

Distribution et habitats - Les membres de cette famille se trouvent dans un grand nombre d'**habitats** à Madagascar, presque exclusivement dans les forêts, allant de l'Est humide de basses altitudes à des formations humides de montagne, à l'Ouest dans des habitats de forêt **caducifoliée**, secs et perturbés, et dans le Sud et le Sud-ouest dans le **bush épineux**. Il existe très peu de sites de forêts naturelles sur l'île où au cours d'un inventaire biologique, nous n'avons pas capturé au moins une espèce appartenant à cette sous-famille.

Certaines espèces sont capables de vivre en dehors de la limite supérieure des forêts, tel que *Brachyuromys betsileoensis*, qui vit dans de grandes savanes naturelles ou forêt **sclérophylle** de montagne dans la zone sommitale d'Andringitra (jusqu'à 2 450 m). Quelques espèces sont également connues pour vivre dans des habitats modifiés par l'homme, tels que *Eliurus webbi* qui vit dans les plantations d'arbres **exotiques**, comme *Eucalyptus*, mais en général ces sites sont à proximité de forêts naturelles (112) ou encore *B. ramirohitra* qui vit dans les rizières en jachère qui se trouve également à proximité des forêts naturelles.

Morphologie et taille - Les membres de cette sous-famille possèdent un large éventail de tailles et de formes différentes, montrant des ressemblances parallèlement remarquables avec ceux d'autres groupes de mammifères qui se trouvent dans d'autres parties du monde. Leur poids varie de près de 1 kg pour *Hypogeomys antimena* à un peu plus de 20 g pour les membres du genre *Voalavo*.

Les différents genres de Nesomyinae peuvent être divisés en trois groupes, selon leur type de locomotion : **terrestre** (*Brachyuromys*, *Gymnuromys*, *Hypogeomys*, certains *Macrotarsomys* et *Nesomys*), exclusivement **arboricoles** (*Brachytarsomys*) et apparemment à l'aise sur ou au-dessus du sol (*Eliurus*, certains *Macrotarsomys* et *Voalavo*). Les espèces arboricoles ou partiellement arboricoles ont dans la plupart des cas, de longues queues, des pattes et des coussinets larges et de formes distinctes, qui leur permettent de grimper sur des parois verticales ou à pente très raide.

Parmi les espèces terrestres, il existe des animaux qui ont notamment de longues pattes postérieures et des pattes antérieures réduites, en particulier *Hypogeomys antimena*, *Macrotarsomys bastardi* et *M. petteri*, qui se déplacent sur le sol un peu comme les kangourous ou les lapins (**saltigrade**). Au contraire, les genres *Brachyuromys*, *Gymnuromys* et *Nesomys* utilisent leurs quatre membres largement de même taille et assez courts pour la marche (**plantigrades**) ; ces rongeurs ont peu de capacités à escalader. Dans certains cas, les membres de ces genres ont été observés ou pris au piège au-dessus du sol, comme sur de grands troncs d'arbres tombés par terre et des souches, mais dans presque tous les cas, ces surfaces pouvaient être atteintes à partir du sol par les marches horizontales. Dans des zones rocheuses de l'Ouest, plusieurs espèces d'*Eliurus* semblent bien adaptées pour se déplacer sur des surfaces rocheuses calcaires, y compris les formations des pinacles pointus de l'habitat des *tsingy*, comme *E. antsingy* ou *E. carletoni*, tandis que d'autres membres de ce genre, comme *E. danieli*, semblent être essentiellement terrestres se déplaçant aux pieds des roches exposées.

Le type de substrat sur lequel les différents rongeurs Nesomyinae arboricoles se déplacent est très différent suivant le genre et l'espèce. Par exemple, les membres du genre *Brachytarsomys* sont plutôt de grande taille et ont tendance à utiliser des branches d'arbres et de grandes lianes, tandis que les petits *Eliurus minor* et *E. myoxinus* ont été pris au piège sur des lianes de l'épaisseur d'un crayon. Jusqu'à ce jour, aucun inventaire des petits mammifères n'a été mené dans la voûte forestière et aucun détail n'est disponible concernant les différents rongeurs strictement arboricoles.

Régime alimentaire - Très peu d'informations quantitatives sont disponibles pour les membres de cette sous-famille, mais il est présumé que la plupart des genres se nourrissent en plus grande partie ou exclusivement de graines (**granivores**) et de fruits (**frugivores**). Certains **taxa**, tels que *Brachyuromys* et *Hypogeomys*, consomment de l'herbe, des feuilles et des tubercules (**herbivores**).

L'espèce la plus intensivement étudiée à cet égard est probablement *Hypogeomys antimena* dans la région de Menabe central (135). Cette espèce fouille le sol de la forêt pendant la nuit afin d'y trouver des fruits tombés, des graines et des feuilles. Elle est également connue pour creuser le sol pour trouver des racines, des tubercules et des écorces de jeunes arbres. La nourriture est maintenue grâce à ses pattes antérieures et amenée à la bouche, quand l'animal se trouve semi-debout, dans une position semblable à celle du lapin. Des membres de *Brachytarsomys villosa*, *Gymnuromys roberti* et *Nesomys rufus* ont été piégés dans des cavités d'arbres ou des **terriers** dans lesquels, ils déposent des coques de graines de *Canarium* (*ramy*) (47, Figure 9). En outre, les terriers d'*Eliurus webbi* et *G. roberti* contenaient des fruits de *Cryptocarya* (*tavolo*).

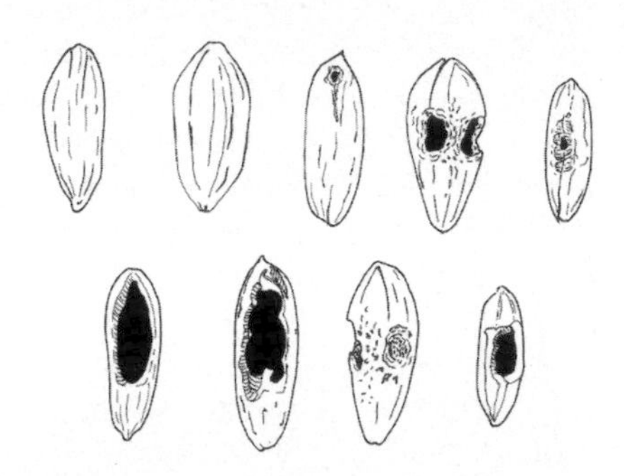

Figure 9. Les noix de *Canarium* (*ramy*) sont souvent consommées par les différents membres de la famille des Nesomyinae. Les premières deux noix sur le rang en haut à gauche sont fermées et le trois à droite ont été rongées par différents rongeurs. La première noix sur le rang en-dessous et à gauche est ouverte par déhiscence naturelle tandis que celles qui sont à droite sont ouvertes par les rongeurs (D'après 47.)

Vie sociale, écologie et communication - Peu de détails sont disponibles pour ce groupe de rongeurs. L'exception est *Hypogeomys antimena* qui est **nocturne**, pour lequel des renseignements précis sont connus (Figure 10). Cette espèce semble au moins partiellement se communiquer en tambourinant sur le sol avec une de ses pattes arrières, et en émettant en même temps des cris plaintifs aigus (25). Les individus peuvent être observés pendant la nuit avec leur tête et leurs longues oreilles placées près du sol sans doute à l'écoute de signaux de tambours de couples voisins. L'un des aspects fascinant de l'organisation sociale de

Figure 10. *Hypogeomys antimena* est la plus grande espèce actuelle de rongeurs à Madagascar. Il a un mode de vie sociale extraordinaire. Cette espèce est actuellement limitée à une zone restreinte dans la région de Menabe central et elle est en danger d'**extinction**, du moins en partie à cause de la forte pression de **prédation** sujette aux jeunes animaux par différentes espèces de **Carnivora**. Dans cette photo un jeune animal se met debout avec un adulte à proximité de leur **terrier**. (Cliché par Harald Schütz.)

cette espèce est que les individus de sexe masculin et féminin forment des couples permanents (**monogames**) (133), ce qui est rare notamment parmi les rongeurs du monde entier. Les couples et leurs jeunes passent la journée dans de vastes **terriers** souterrains, qui ont de nombreuses ouvertures pour l'entrée et la sortie, bouchées avec des déchets quand ils entrent et dégagées quand ils sortent (134). Tout au long de l'année, les couples défendent activement leur **territoire** autour de ces **terriers** contre les autres individus de cette espèce, la taille de ce territoire peut aller jusqu'à 3,5 ha. La saison de **reproduction** coïncide avec la période des pluies et un couple peut donner de un à deux petits par an. Les mâles semblent être capables de se reproduire au début de leur deuxième année et les femelles au cours de leur troisième année.

Peu d'informations précises sont disponibles sur le comportement social des autres membres de cette sous-famille. Il est présumé que dans la plupart des cas, les différentes espèces ne sont pas strictement monogames, comme pour *Hypogeomys*, mais plutôt **polygames**, c'est-à-dire qu'un mâle se reproduit avec plus d'une femelle et n'aide pas nécessairement pour l'élevage de la progéniture. Parmi les autres rongeurs Nesomyinae, la taille maximale des portées varie de six petits pour *Brachytarsomys* et de trois à cinq pour *Eliurus* et certains autres genres.

Plusieurs exemples de Nesomyinae sont également connus car ils occupent leurs lieux de repos avec différents groupes non-rongeurs. *Eliurus webbi* partage son **terrier** au sol avec des oiseaux (38) et *Brachytarsomys albicauda* dans les cavités des arbres avec le lémurien *Allocebus trichotis* (10).

Conservation et interactions avec les humains - Pour la plupart des membres de la sous-famille des Nesomyinae, il n'y a pas assez d'informations disponibles sur leur distribution et la taille de leur **population** afin de bien évaluer leur statut de **conservation**. Sur les 26 espèces examinées par l'Union Internationale pour la Conservation de la Nature (UICN ou « IUCN » en anglais), six sont considérées comme « en danger » (*Brachytarsomys villosa*, *Eliurus penicillatus*, *Hypogeomys antimena*, *Macrotarsomys ingens*, *Nesomys lambertoni* et *Voalavo antsahabensis*), une comme « vulnérable » (*E. petteri*), et le reste, soit comme « préoccupation mineure » ou comme « données insuffisantes » (76).

Deux espèces de rongeurs **endémiques** peuvent être considérées comme hautement menacées et devront sans doute faire face à l'**extinction** dans un avenir proche. Au début de 2003, après des inventaires intensifs dans la forêt de Mikea entre Morombe et Toliara, un seul individu d'un gros rongeur ressemblant à un rat-kangourou du **Nouveau Monde** a été capturé. Cet animal était préalablement inconnu de la science et a ensuite été nommé *Macrotarsomys petteri* (46). Le site où cet animal a été piégé a beaucoup souffert de la déforestation et il est possible que cette espèce soit déjà éteinte. Fait intéressant, cette espèce avait une distribution plus large dans un passé géologique récent dans le Sud et Sud-est de Madagascar, et que des restes ont été trouvés dans différents dépôts de **subfossiles** du **Pléistocène** et de l'**Holocène** (60).

Le mieux étudié parmi les Nesomyinae concernant son état de conservation est *Hypogeomys antimena*. Cette espèce a fait l'objet d'une évaluation spéciale, à savoir la PHVA ou Evaluation de la Viabilité de la Population et de l'Habitat en 2001 (136). Actuellement, cette espèce forestière est confinée à une petite zone de la région de Menabe central, mais jusqu'à quelques milliers d'années passées, sur la base des restes osseux trouvés dans différents dépôts, elle avait une large distribution dans la partie Sud de l'île (41). Un certain nombre de facteurs ont pu changer de son aire de répartition, qui comprend une période sèche notable au cours de l'Holocène et du Pléistocène associée aux **changements climatiques** naturels, une forte pression de **prédation** récente par différents **Carnivora** (chiens et *Cryptoprocta*) en particulier sur les jeunes animaux, une destruction massive de la forêt par l'homme, et la possibilité de maladies **introduites** par les animaux **exotiques** dans les **populations** de *Hypogeomys*. Par conséquent, cette espèce a une distribution très limitée et son maintien à l'état sauvage n'est pas très prometteur. Curieusement, les animaux gardés en captivité dans les zoos se reproduisent facilement (144) et cette espèce pourrait être « maintenue » de cette façon, mais sans habitat approprié pour réintroduire ces animaux, les programmes d'**élevage en captivité** sont des exercices futiles en ce qui concerne le maintien des populations sauvages. Un fait de plus en plus critique également est que les populations en captivité et sauvages ne montrent pratiquement pas de variations **génétiques**, ce qui a des conséquences graves pour la survie à long terme de cette espèce (135).

La **disparition** continue de différents types d'**habitats** forestiers naturels crée de sérieux problèmes pour les espèces de Nesomyinae habitant la forêt. Seules quelques espèces ont été trouvées en dehors des habitats forestiers naturels, tels que *Eliurus webbi*, *E. minor*, *E. myoxinus* et *E. majori* surtout dans les plantations d'*Eucalyptus* introduits à proximité de forêts naturelles (116). En outre, l'impact de la fragmentation de la forêt naturelle a des effets négatifs sur ces rongeurs : il est difficile de maintenir des populations stables car ils disparaissent dans les plus petits fragments (**extirpation**). L'observation a été vérifiée à plusieurs reprises, avec la **colonisation** de *Rattus rattus* introduit dans des parcelles de forêt native, la densité et la diversité des espèces **indigènes** de Nesomyinae baisse. Que cette association soit liée à la compétition ou à l'introduction de différentes maladies dans les populations **autochtones**, elle doit encore être résolue (39).

Les rongeurs introduits (Murinae)

Distribution et habitats - Tous les membres de cette sous-famille sont **exotiques** (**allochtone**) à Madagascar. Les trois espèces présentes à Madagascar, *Rattus rattus*, *R. norvegicus* et *Mus musculus*, se trouvent en milieu urbain, vivant souvent en étroite relation avec les humains (**synanthropiques**), ainsi que dans les zones agricoles, les **marais** et à l'**écotone** entre la forêt naturelle et les **habitats** modifiés par l'homme. Dans les forêts, ils sont plus fréquents dans les zones de formations sempervirentes humides. Parmi les trois espèces **introduites**, *R. rattus* et *M. musculus* sont capables de **coloniser** les forêts reculées, à des distances considérables de toute habitation humaine. En revanche, *R. norvegicus* est nettement plus fréquent dans les villes portuaires et les centres urbains importants de l'île.

Morphologie et taille - Ce groupe de rongeurs correspond à l'image standard que se fait la plupart des gens quand ils pensent à des rats et à des souris, une description n'est donc pas nécessaire ici. La plus grande espèce de l'île est *Rattus norvegicus*, qui peut aller jusqu'à 260 g et le plus petit étant *Mus musculus* allant jusqu'à 10 g.

Régime alimentaire - Les trois membres de cette sous-famille présents à Madagascar se nourrissent principalement de graines (**granivores**), mais aussi de matières animales, ainsi que de différentes formes de déchets. *Rattus* est donc plutôt considéré comme **omnivore**.

Vie sociale, écologie et communication - Une quantité considérable d'informations publiées sur les **habitats** sociaux de *Rattus* et de *Mus* existent pour les différentes parties du monde, mais compte tenu de leur importance en tant que ravageurs des cultures et dans la propagation des maladies, il est frappant de constater combien si peu d'informations sont disponibles pour Madagascar. Le comportement social des différentes espèces de cette sous-famille est plutôt **polygame**, c'est-à-dire qu'un mâle se reproduit avec plus d'une femelle et n'aide pas nécessairement pour l'élevage de la progéniture. *Rattus rattus* présente différents modèles de **reproduction**. Lorsqu'il vit dans des maisons et avec des paramètres **synanthropiques**, il semble avoir un cycle de reproduction continu, avec des femelles gestantes et des jeunes naissant pendant une grande partie de l'année (30). En revanche, dans les champs agricoles et les milieux forestiers, la période de reproduction est associée à la saison des pluies (de novembre à avril) (111). Ces différents schémas dépendent de la disponibilité en nourriture, qui est saisonnière dans la forêt et nettement moins dans les milieux synanthropiques.

Conservation et interactions avec les humains - Comme ces animaux sont **exotiques**, leur statut de **conservation** ne doit pas être pris en compte pour le cas de Madagascar. La question cruciale est l'impact de ces différentes espèces de rongeurs sur les êtres humains, associés à la destruction des produits agricoles et leur rôle dans la transmission de différentes maladies.

Peu de données précises sont disponibles sur les dégâts que causent ces animaux, si ce n'est qu'ils sont largement répandus à travers l'île et constituent de graves problèmes. Dans les grandes zones de culture du riz, comme le bassin du lac Alaotra, les **populations** de *Rattus rattus* sont particulièrement grandes et la moyenne des dommages sur la récolte du riz a été calculée à moins de 1 % de la production, représentant au moins 100 kg de riz à l'hectare et avec environ 25 000 hectares, cela revient à plus ou moins 1 250 tonnes par an (126). Dans d'autres contextes, jusqu'à 2,5 % de la récolte de riz sont consommés par ces animaux (30) et si la perte est calculée par rapport à la production totale de l'île (soit 2,5 millions de tonnes par an), cela revient à un nombre de l'ordre de 60 000 tonnes par an. *Rattus rattus* est également un important consommateur de produits agricoles, y compris la canne à sucre, le cacao, le manioc, les patates douces, les arachides, les différentes légumineuses, les fruits et les tomates. En outre, il est connu pour entrer dans les entrepôts des grains et silos, en détruisant de grandes quantités de produits stockés.

Les deux genres de rongeurs **introduits** à Madagascar sont connus comme responsables de la transmission des différentes maladies, dont celles transmises par leurs **ectoparasites** comme la **peste**, le typhus murin et les trypanosomes, une variété de parasites internes tels que la schistosomiase intestinale, les réservoirs de la fièvre hémorragique de l'homme et la leptospirose (29, 107). D'importantes proliférations de populations de *Rattus rattus* ont été remarquées à intervalles irréguliers et qui sont liées à des épidémies de différentes maladies, la plus importante étant la peste.

Etant donné que ces animaux, en particulier *Rattus rattus*, sont capables de coloniser la quasi-totalité des **habitats** naturels et **anthropogéniques** de l'île, aucun programme à grande échelle (lutte) pour les éliminer n'est maintenant plus envisageable de façon raisonnable. Sur de nombreuses îles du monde entier, les méthodes chimiques, principalement des poisons spécifiques aux rongeurs ont été utilisées avec succès pour éliminer les Muridae introduits. Le problème pour Madagascar avec de telles techniques est double. Avec près de 600 000 km² de surface, il est physiquement et logistiquement impossible de procéder à l'application simultanée de ces produits chimiques à travers l'île, sans parler du coût énorme d'une telle opération. En outre, ces produits chimiques pourraient également tuer la grande diversité de rongeurs **endémiques** forestiers (Nesomyinae), ce qui poserait un problème grave du point de vue de la conservation. Cependant l'utilisation de ces techniques dans les îlots voisins comme Nosy Tanikely, qui est un endroit forestier mais n'abritant aucune espèce **autochtone**, est efficace.

CLASSIFICATION, ORIGINES ET HISTOIRE DE LA COLONISATION DES PETITS MAMMIFERES DE MADAGASCAR

Au cours des dernières décennies, de nombreux changements ont eu lieu à l'échelle mondiale concernant la **classification** ou la **taxonomie** de la classe des **Mammalia**, à laquelle tous les mammifères appartiennent. Ces changements sont associés aux progrès de la science, qui utilise des nouvelles techniques pour comprendre les grandes tendances associées à l'histoire de l'**évolution**, y compris la **spéciation** ; et l'un des outils les plus importants récemment employé est la **génétique moléculaire**. Cette technique qui concerne les aspects de la variation de l'**ADN** offre un outil extraordinaire permettant aux biologistes évolutionnistes de séparer les animaux qui partagent un **ancêtre** commun (**monophylétiques**) et ne représentent qu'une seule lignée par rapport à ceux qui proviennent d'autres d'ancêtres (**paraphylétiques**) et en cas de similarité par exemple dans la **morphologie**, il s'agit d'une évolution **convergente**. Les résultats issus de ces différentes études montrent quelques contradictions et plusieurs reclassements à des **niveaux supérieurs** ont été proposés. En outre, ces études de génétique moléculaire fournissent des indications importantes sur la date approximative de la **colonisation** de Madagascar par différents groupes d'animaux (voir p. 35).

Les classifications précédentes à des niveaux supérieurs considéraient qu'un large assortiment de petits mammifères étant en grande partie **insectivores**, tels que les hérissons (famille des Erinaceidae), les taupes (famille des Talpidae), les tenrecs (famille des Tenrecidae), les taupes dorées (famille des Chrysochloridae), les solénodontes (famille des Solenodontidae), les musaraignes (famille des Soricidae), la musaraigne à trompe (famille des Macroscelidae) et les toupayes (famille des Tupaiidae) ont été d'abord placés ensemble dans l'ordre des **Insectivora**. Cette disposition a été largement suivie jusqu'au milieu des années 1980 par la plupart des chercheurs qui étudiaient la **systématique** des mammifères. Par la suite, ces différentes familles ont été divisées en deux ordres distincts, **Menotyphla**, composés des familles de Macroscelidae et de Tupaiidae, et **Lipotyphla**, composés du reste des familles mentionnées ci-dessus, y compris les Tenrecidae (15). Ainsi, dans la littérature des années 1990, les Tenrecidae sont souvent mis dans l'ordre des Lipotyphla.

Par la suite, en se basant largement sur les études de génétique moléculaire (137, 138), il a été constaté que le tenrec et les taupes dorées faisaient partie d'un groupe de mammifères qui ont évolué sur le continent africain, comprenant une gamme remarquable de formes et de modes de vie différents tels que les éléphants, les damans, les musaraignes à trompe et les oryctéropes, et ce groupe est connu sous le nom d'**Afrotheria**.

Un des points critiques est que les musaraignes, qui ressemblent au moins superficiellement à certains membres des Tenrecidae, ne font pas partie d'**Afrotheria** et appartiennent à un groupe tout à fait différent de mammifères, connu sous le nom de **Soricomorpha**. Actuellement, Afrotheria est divisé en plusieurs ordres, dont Afrosoricida, composé des tenrecs (famille des Tenrecidae) et des taupes dorées (famille des Chrysochloridae) (11), c'est cette **classification taxonomique** que nous suivrons dans ce livre. En outre, étant donné qu'Afrotheria aurait évolué sur le continent africain, l'hypothèse est que les tenrecs malgaches partageraient un **ancêtre** commun qui aurait colonisé Madagascar en venant d'Afrique (voir ci-dessous). Ainsi, aussi étonnant que cela puisse paraître, sur la base de cette **phylogénie** de **niveau supérieur** relativement nouvelle des mammifères, il est exact d'affirmer que les tenrecs sont plus étroitement liés aux éléphants qu'ils ne le sont des musaraignes ! Cela souligne la force de l'**évolution** dans la création de niveaux extraordinaires de **convergence** entre différents groupes de mammifères, et dans ce cas, entre les musaraignes et les tenrecs.

La situation avec les rongeurs Nesomyinae est un peu moins complexe, mais néanmoins d'importants changements taxonomiques ont pris place en ce qui concerne leur emplacement au sein de l'ordre des Rodentia. En **systématique** classique, les rongeurs **indigènes** malgaches ont été considérés comme faisant partie de la famille des Cricetidae, présents dans le **Nouveau** et l'**Ancien Monde**, et placés en tant que sous-famille au sein de ce groupe sous le nom de Nesomyinae. Par la suite, des réarrangements importants ont eu lieu à un niveau supérieur de l'ordre, avec la reconnaissance des Muridae, et les Nesomyinae ont été placés comme une sous-famille au sein de cette famille. Plus récemment, basé sur des preuves **fossiles** et des études de **génétique moléculaire**, un remaniement majeur au sein des anciens Muridae a eu lieu, avec une expansion de la famille des Nesomyidae pour y inclure certains rongeurs d'Afrique placés dans des sous-familles séparées et les Nesomyinae

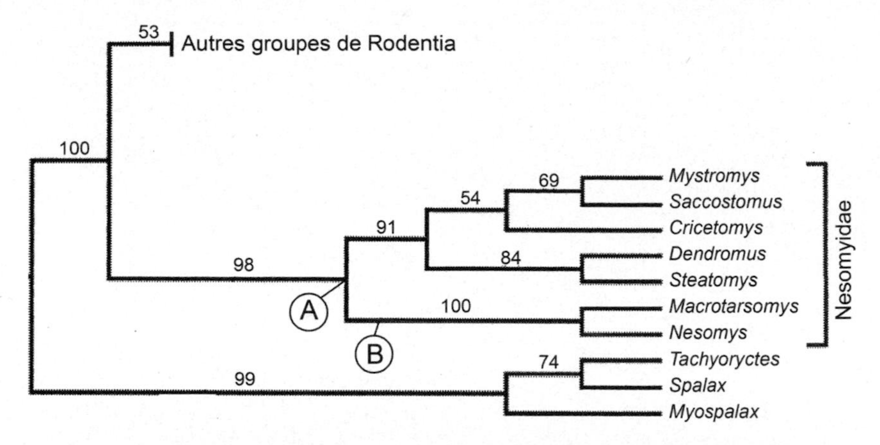

Figure 11. Phylogénie moléculaire de certains rongeurs de l'**Ancien Monde**. Le point « A » marque le **clade** se référant à la famille des Nesomyidae et le point « B » à la sous-famille des Nesomyinae, rongeurs **endémiques** de Madagascar. Les autres membres de la famille des Nesomyidae sont tous africains. (Modifiée d'après 77.)

(Figure 11 ; 77), qui se limitent à Madagascar (95). Par conséquent, suite à cette **classification**, il a été avancé que les rongeurs indigènes à Madagascar partagent un ancêtre commun avec différents groupes de rongeurs africains, qui ont à leur tour probablement colonisé Madagascar en venant d'Afrique.

Afin de comprendre le processus de la **colonisation** naturelle de Madagascar par les petits mammifères, il est primordial de comprendre les aspects de son histoire géologique. L'île de Madagascar s'est séparée du grand continent, le **Gondwana**, il y a environ 160 millions d'années, et est arrivée à son emplacement actuel il y a environ 120 millions d'années (27). Le premier **fossile** de rongeur connu dans le monde a été découvert dans des sédiments de l'Eocène supérieur et de l'Oligocène, c'est-à-dire originaire de moins de 40 millions d'années et ceux de Tenrecidae datent du Miocène inférieur, c'est-à-dire de plus ou moins 23 millions d'années (Figure 12). Ces dates sont importantes afin de comprendre l'**évolution** des rongeurs et des tenrecs ainsi que leur colonisation initiale de Madagascar. Ainsi, étant donné que les données fossiles situent la première apparition des rongeurs et des tenrecs bien après la séparation de Madagascar du Gondwana, la seule explication plausible de la colonisation de l'île est qu'ils seraient venus par delà les océans depuis d'autres régions de la planète dont les plus proches sont l'Afrique et l'Asie.

Mais une grande question demeure : comme ces animaux n'ont pas les moyens de voler, comment ont-ils pu physiquement arriver à Madagascar et ont ensuite donné naissance à deux groupes distincts et très diversifiés (Nesomyinae pour les rongeurs et Tenrecidae pour les tenrecs). Vu la distance qu'ils ont dû parcourir,

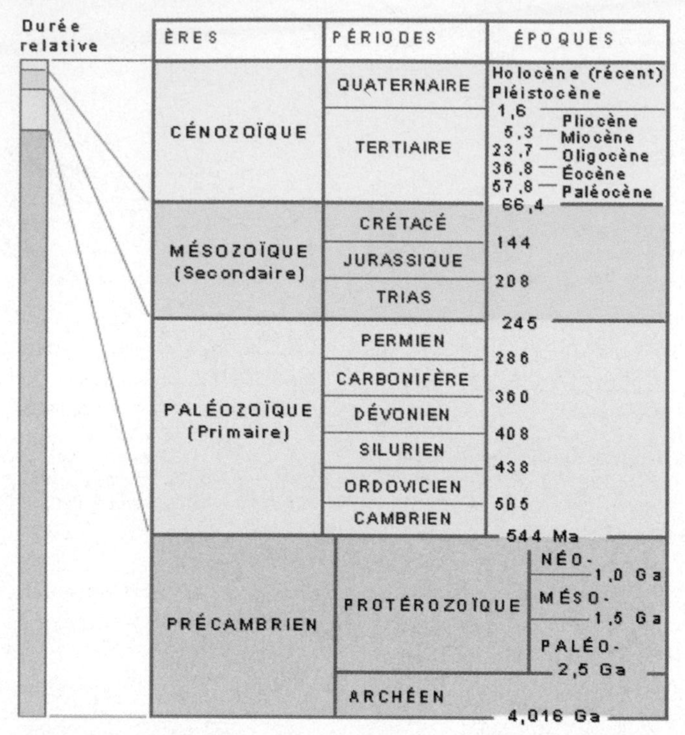

Figure 12. Echelle du temps de différentes périodes géologiques associées avec l'histoire de la **colonisation** des petits mammifères de Madagascar. (Téléchargé de www.ggl-ulaval.ca/personnel/bourque.)

comme les 400 km du Canal de Mozambique qui séparent Madagascar de l'Afrique, les petits mammifères **autochtones** de l'île ont sans doute flotté sur la végétation ou sont restés murés à l'intérieur de troncs d'arbres flottants (**radeaux flottants**) jusqu'à avoir réussi à faire le voyage et à coloniser l'île. Etant donné que les tenrecs et les Nesomyinae sont les seuls groupes actuels de petits mammifères présents naturellement à Madagascar et que beaucoup de groupes africains et asiatiques ne sont pas connus sur l'île, la colonisation de l'île par ces animaux doit avoir été un événement extrêmement rare dans l'histoire géologique. Comme l'a dit le **paléontologue** David Krause « Les origines biogéographiques de la faune de vertébrés terrestres modernes ... de Madagascar reste l'un des plus grands mystères non résolus de l'histoire naturelle » (81).

Les données fossiles sur ces deux groupes de petits mammifères **endémiques** à Madagascar, Nesomyinae et Tenrecidae, sont très insuffisantes et proviennent seulement de sédiments géologiquement récents. Les plus vieilles données attestant de la présence de ces animaux à Madagascar sont les dépôts de **subfossiles** datant de la fin du **Pléistocène** ou de l'**Holocène**, c'est-à-dire n'ayant pas plus de 26 000 ans (Figure 12). A l'échelle géologique, cela représente seulement quelques millisecondes, comparé aux 160 millions d'années qui nous séparent de la division du Gondwana ou des 40 millions d'années de la première apparition de rongeurs Muroidea sur la planète. Par conséquent, jusqu'à ce que des dépôts fossiles plus anciens de restes de ces animaux soient découverts à Madagascar, il ne sera pas possible de reconstruire ce que à quoi les ancêtres des **taxa** modernes ressemblaient, ni de retracer correctement les aspects de leur **histoire évolutive**. Il s'agit d'une lacune importante dans l'éclaircissement du mystère cité ci-dessus par le Dr. David Krause.

Toutefois, des études récentes sur l'**évolution** des rongeurs malgaches et des tenrecs ont fourni des indications importantes sur leur évolution et la date approximative de la **colonisation** de Madagascar. Les plus importantes ont été celles de **génétique moléculaire**, en particulier les variations de l'**ADN**, outil extraordinaire qui permet aux biologistes de l'évolution de comprendre avec une grande précision l'**histoire évolutive** des différents groupes d'animaux. Cette technique fournit d'importants indices sur la séparation des espèces qui partagent un **ancêtre** commun (**monophylétiques**) et ne représentant qu'une seule lignée par rapport à ceux qui proviennent d'autres ancêtres (**paraphylétiques**) et que des similarités de **morphologie** par exemple, sont le résultat d'une évolution **convergente**. En essayant de comprendre les origines des rongeurs malgaches et des tenrecs, ces aspects sont essentiels. Comme expliqué ci-dessus, la **taxonomie** de **niveau supérieur** des tenrecs et des rongeurs de Madagascar a considérablement changé en fonction notamment des études de génétique moléculaire. Nous touchons ici aux aspects des origines de ces deux groupes à Madagascar et les problèmes de l'utilisation de caractères morphologiques dans l'interprétation de l'histoire évolutive.

Dans certaines parties de l'Afrique tropicale, il existe deux genres, *Micropotamogale* et *Potamogale*, qui sont des animaux partiellement aquatiques maintenant placés parmi les Afrotheria et plus précisément les Afrosoricida, qui ont des caractères morphologiques similaires au tenrec aquatique *Limnogale mergulus* de Madagascar. Des études antérieures fondées sur des caractères morphologiques ont indiqué que les genres africains et malgaches ont été étroitement liés les uns aux autres (5), tandis que d'autres recherches ont indiqué que ces individus étaient convergents (98). Toutefois, le facteur de complication en ce qui concerne la **phylogénie** de *Micropotamogale* et *Limnogale* basé sur les caractères de génétique moléculaire, est que la lignée comprenant *Micropotamogale* montre des affinités avec les Tenrecidae (Figure 13). Toutefois, cette lignée, qui est dénommée Potamogalidae dans la figure, serait plutôt une famille sœur des Tenrecidae de Madagascar. En outre, basé sur cette analyse, *L. mergulus* se regroupe avec le genre *Microgale* et est génétiquement très éloigné de *Micropotamogale*, ce qui soutient que les **adaptations** à un mode de vie aquatique de ces différents genres sont un cas de convergence au sein de cette vaste lignée Potamogalidae/ Tenrecidae.

De plus, sur la base d'un étalonnage associé à la vitesse de divergence moléculaire utilisant une technique connue sous le nom de **horloge moléculaire**, il est possible de calculer la date approximative à laquelle les Tenrecidae sont arrivés à Madagascar (Figure 13), qui va du milieu à la fin de l'Oligocène c'est-à-dire il y a 30 à 25 millions d'années (Figure 12). Cette date est antérieure à la première preuve **fossile** connue de Tenrecidae, qui date d'environ 23 millions d'années. Ce dernier point souligne en outre que des informations sur les premières preuves fossiles d'un groupe donné ne représentent pas nécessairement la période où ils ont évolué et où ils sont apparus pour la première fois sur notre planète.

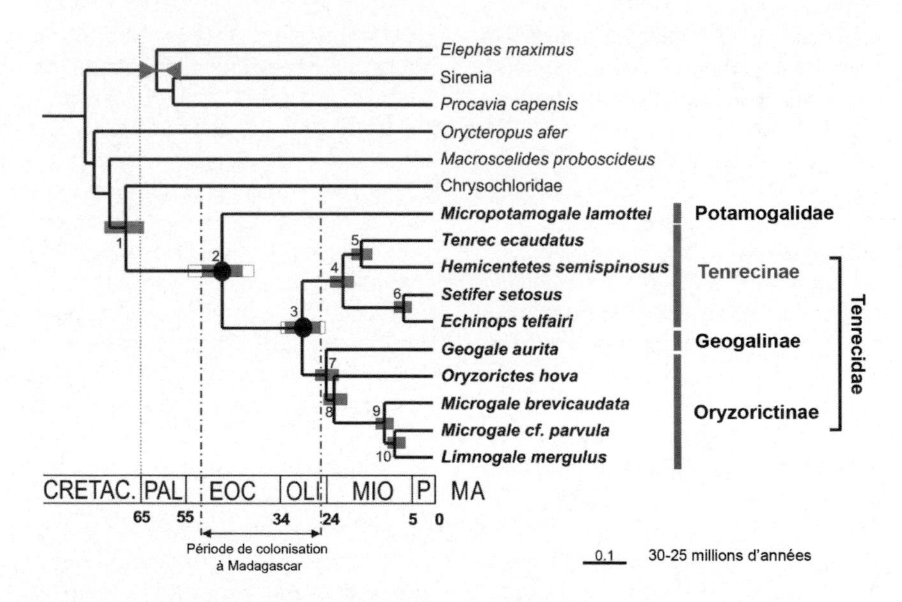

Figure 13. Phylogénie moléculaire des Potamogalidae et Tenrecidae qui montre que la première famille est le groupe sœur de la seconde. Basé sur un étalonnage associé à la vitesse de divergence moléculaire utilisant une technique connue sous le nom d'**horloge moléculaire**, il est possible de calculer que l'ancêtre des Tenrecidae était arrivé à Madagascar, il y a environs 30 à 25 millions d'années passées. (Modifié d'après 103.)

LES ESPECES DISPARUES OU REPRESENTEES DANS LES GISEMENTS DE SUBFOSSILES

L'**extirpation** des uniques lémuriens géants et des oiseaux-éléphants (*Aepyornis* et *Mullerornis*), ainsi que des hippopotames nains de Madagascar, qui sont souvent désignés sous le nom de **mégafaune**, est relativement bien connue. Pendant de nombreuses années, il était supposé que ces **extinctions** n'avaient affecté que les mammifères et les oiseaux de grande taille, mais nous savons maintenant que ce n'était pas le cas, mais simultanément à leur **disparition** (Figure 14), de nombreuses espèces de petites mammifères ont également disparu (Tableau 2). Les premiers **paléontologues** travaillant à Madagascar étaient très intéressés par la mégafaune, et les restes osseux des espèces de petites tailles n'étaient pas récoltés. Des travaux plus récents dans les sites des **subfossiles** utilisant un tamisage plus fin des sédiments et un examen plus précis des petits os et des dents ont révélé un certain nombre de petits mammifères très intéressants, y compris des espèces actuellement disparues ou ayant de répartition géographique très réduite. Ces matériels récoltés sur une grande variété de sites nous ont permis d'ouvrir une fenêtre et de déchiffrer les changements **paléoécologiques** des temps géologiques récents qui se déroulèrent sur l'île et la riche faune de mammifères **terrestres** qui existait jadis.

La grande majorité de ces spécimens paléontologiques datent de l'**Holocène** ou au début du **Pléistocène** supérieur,

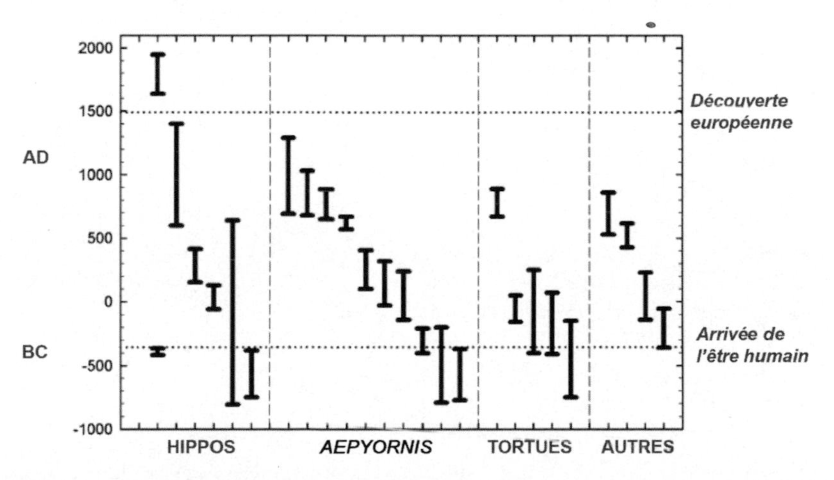

Figure 14. Chronologie entre les périodes où les différents membres de la **mégafaune** étaient encore présents sur l'île et la présence des hommes. De nombreux animaux de grande taille se chevauchent avec les humains depuis des centaines d'années avant que les plus anciens ne s'éteignent. Les dates sur l'axe de gauche sont basées sur les **datations radiocarbone**. (Modifiée d'après 13.)

et dans plusieurs cas, ils ont permis de séparer les changements naturels sur une échelle **environnementale** des changements **anthropiques** plus ponctuels au cours du dernier millénaire. Il existe aussi un certain nombre de restes **archéologiques** plus récents de différents mammifères qui datent de la période historique. Sur certains sites de dépôts relativement profonds, il est difficile de séparer les restes de nature paléontologique ou archéologique, bien que la présence d'artefacts humains dans les sédiments plus récents soit diagnostiquée. La plus ancienne date connue de la présence de l'homme à Madagascar est d'environ 2 300 ans et il est clair que les hommes se chevauchèrent dans le temps avec les nombreuses espèces de la mégafaune de Madagascar (13 ; mais voir 37).

Dans de nombreux cas, de fortes concentrations d'os de petits mammifères sont retrouvées sur le sol dans certains endroits des grottes, qui sont probablement les lieux où des **rapaces** dépeçaient leurs **proies** et régurgitaient des pelotes. Peu de travaux ont été réalisés dans un contexte paléontologique avec un tel matériel. L'examen de ces dépôts provenant de grottes associé avec les **datations radiocarbone** pourraient nous éclairer sur les changements fauniques qui sont intervenus au cours des temps géologiques récents et nous permettre d'identifier les périodes auxquelles certains petits mammifères liés à la présence de l'homme (*Rattus*, *Mus* et *Suncus*) ont été **introduits** sur l'île.

Tableau 2. Les espèces de petits mammifères présentes dans les gisements de **subfossiles** et datant du **Pléistocène** récent (s'étendant de deux millions à 11 000 ans) et de l'**Holocène** (de 11 000 à 2 000 ans) à Madagascar (12, 14, 41, 61, 62, 91, 115, 124). Ceux qui sont marqués d'un † sont éteints, ceux avec un * sont **endémiques** et faisant partie de la faune vivante, et ceux avec un # sont **introduits**.

Ordre Afrosoricida
  Tenrecidae
    Tenrecinae
      **Tenrec ecaudatus*
      syn. *Centetes ecaudatus*
      **Setifer setosus*
      **Echinops telfairi*
    Geogalinae
      **Geogale aurita*
      syn. *Cryptogale australis*
    Oryzorictinae
      **Microgale brevicaudata*
      syn. *M. brevipes*
      **Microgale longicaudata*
      †*Microgale macpheei*
      **Microgale nasoloi*
      **Microgale principula*
      syn. *Microgale decaryi*
      **Microgale pusilla*
Ordre Bibymalagasia
  Plesiorycteropidae
      †*Plesiorycteropus germainepetterae*
      †*Plesiorycteropus madagascariensis*
      syn. *Hypogeomys boulei*
      syn. *Majoria rapeto*
Ordre Soricomorpha
  Soricidae
      #*Suncus etruscus*
      #*Suncus murinus*
Ordre Rodentia
  Nesomyidae
      †*Brachytarsomys mahajambaensis*
      **Brachyuromys ramirohitra*
      **Eliurus majori*
      **Eliurus myoxinus*
      **Eliurus tanala*
      **Eliurus* sp.
      **Hypogeomys antimena*
      †*Hypogeomys australis*
      **Macrotarsomys bastardi*
      **Macrotarsomys petteri*
      †*Nesomys narindaensis*
  Muridae
      #*Mus musculus*
      #*Rattus* sp.
      #*Rattus rattus*

Parmi les Tenrecidae, un certain nombre de **taxa** différents ont été récupérés dans des gisements archéologiques et paléontologiques (Tableau 2), avec *Microgale macpheei* étant la seule espèce malgache éteinte connue de cette famille (62). Sur la base de certains matériaux subfossiles récupérés dans l'extrême Sud-ouest sur le Plateau Mahafaly, *M. pusilla* a été identifié, mais ces restes ressemblent à *M. jenkinsae* qui est récemment décrit (62, 85). Au moins trois espèces de rongeurs de la sous-famille **endémique** des Nesomyinae ont disparu dans des temps géologiques récents (Tableau 2), comprenant *Brachytarsomys mahajambaensis* et *Nesomys narindaensis* de la région au Nord de Mahajanga et *Hypogeomys australis* de Hautes Terres centrales et de l'extrême Sud-ouest (41, 91).

La grotte d'Andrahomana, près de Ranopiso dans l'extrême Sud-est, est située au pied des montagnes de la chaîne Anosyenne, dans une région où l'**écotone** sec/humide est extrêmement abrupt, en étant localisée dans la partie aride mais juste à la limite du versant humide. La flore naturelle rencontrée actuellement dans cette région constitue une **forêt** ou **bush épineux** de transition. La découverte de matériel subfossile de *Microgale principula*, une espèce dont la distribution actuelle se limite aux forêts humides, dans la grotte d'Andrahomana suggère qu'il y eut un changement vers l'aridité dans les communautés végétales proches de cette région au cours des temps géologiques récents. La présence d'autres organismes trouvés dans cette grotte mène vers la même conclusion (14).

Alors que peut-être il ne devrait pas être considéré comme un petit mammifère en fonction de sa taille présumée, un genre de mammifère remarquable a été trouvé très récemment à Madagascar. Filhol décrivait *Plesiorycteropus madagascariensis* à partir de fragments d'un crâne trouvé à Belo sur Mer (34). En suivant certaines caractéristiques des os et des crânes, Filhol pensait que ce nouveau genre et cette nouvelle espèce étaient affiliés à l'oryctérope (*Orycteropus*), un mammifère bizarre maintenant limité à l'Afrique subsaharienne et faisant partie d'un groupe de mammifères connu sous le nom des **édentés** (littéralement « sans dents »). Dans une revue **systématique** de *Plesiorycteropus*, basé sur du nouveau matériel, le **paléontologue** Charles Lamberton (82) a noté que quelques éléments distinguaient ce genre de l'oryctérope et qu'il pourrait représenter une lignée séparée chez les mammifères. Une analyse détaillée ultérieure de *Plesiorycteropus*, réalisée avec d'autres édentés du monde a donné raison à Lamberton (87). Pour souligner la position unique de cet animal, un nouvel ordre de mammifères a été créé pour *Plesiorycteropus* sous le nom de Bibymalagasia ; l'étymologie est dérivée de *biby* = animal (en malgache) et *malagasia* = de Madagascar. Même si de nombreux spécimens de *Plesiorycteropus* ont été découverts dans divers sites paléontologiques, incluant des portions de crânes, aucune dentition ou maxillaire n'a été trouvée jusqu'à ce jour et nous ne savons toujours pas si ce genre était vraiment sans dent ou pas.

Des **subfossiles** d'*Hypogeomys* ont été retrouvés dans la région de Beloha, Tsirave, Ampoza et la grotte d'Andrahomana dans l'extrême Sud, et sur un site des Hautes Terres centrales près d'Antsirabe (41, 82). Les matériels d'Antsirabe et d'Andrahomana tombent dans la gamme de mesures de *H. australis* mais les autres os se rapportent à *H. antimena*, une espèce vivant actuellement dans la région de Menabe central. Un des spécimens de *H. australis* d'Andrahomana a été évalué par la **datation radiocarbone** (C14) à une date de 4 440 ± 60 **BP** et un os de *H. antimena* d'Ampoza, daté de 1 350 ± 60 BP. De plus, des restes osseux de *H. antimena* présumés de l'**Holocène** ont été retrouvés dans deux sites du Plateau Mahafaly dans l'extrême Sud-ouest, à savoir dans la grotte d'Ankazoabo près d'Itampolo et dans la grotte de Mitoho au bord du lac Tsimanampetsotsa. A partir de cette information, il est clair qu'au cours des derniers millénaires, la distribution de *H. antimena* s'est considérablement réduite et que *H. australis* s'est éteint.

Depuis les derniers millénaires, un certain nombre d'espèces de petits mammifères de Madagascar ont disparu. Avec de nouvelles fouilles de sites des subfossiles et des analyses des matériels osseux déjà récoltés, de nouvelles découvertes seront faites, particulièrement de nouveaux **taxa**. Ce type d'information est important pour comprendre le rôle des changements naturels et récents de l'environnement par rapport aux changements apportés aux milieux naturels par l'homme dans la **disparition** de cette faune et la raréfaction de nombreuses formes actuelles. Ces données ont des implications importantes pour la **conservation** moderne de la nature. Il apparaît clairement à présent que la période d'**extinction** de beaucoup de ces animaux s'est étendue sur plusieurs millénaires (13) sans se limiter à cette petite fenêtre d'extinction qui avait été retenue dans certaines hypothèses par des modèles d'extinction faunique extrêmement rapides.

PREDATEURS

Les petits mammifères de Madagascar constituent un élément important dans le régime alimentaire d'un large éventail d'animaux, y compris les **rapaces** (faucons et hiboux), de nombreux **carnivores** et même des serpents. Cela fait partie du **cycle de vie** naturel entre les **prédateurs** et les **proies**, et tour à tour ces pressions de **prédation** aident à s'assurer que les **populations** de petits mammifères restent à un niveau modéré. Comme l'observation directe de la capture de petits mammifères par un prédateur est un évènement très rare, d'autres méthodes sont utilisées pour connaître ce genre de détails. Dans le cas de prédateurs mammifères, principalement chez les carnivores, des restes d'os de petits mammifères peuvent être reconstitués et identifiés à partir des **fèces** ; chez les rapaces, les restes d'os et de pelage indigestes sont trouvés dans des pelotes de régurgitation ; et chez les serpents, les restes peuvent être trouvés dans leur ventre.

Dans le **bush épineux** à proximité du Lac de Tsimanampetsotsa, le **Carnivora endémique**, *Galidictis grandidieri*, se nourrit occasionnellement de différents petits mammifères, comprenant *Echinops telfairi*, *Geogale aurita* et *Rattus rattus* **introduit** (4). Une autre espèce de carnivore endémique, *Fossa fossana*, qui vit dans les forêts humides, en particulier dans les zones où le sol est humide, consomme une grande variété de mammifères non-primates. Il se nourrit le plus souvent de petits mammifères durant la saison sèche, par rapport à la saison des pluies et les proies se composent de *Hemicentetes semispinosus* et d'autres petits animaux, tels que *Oryzorictes hova* et quatre espèces de *Microgale* (59). *Fossa fossana* se nourrit parfois de rongeurs, dont *Rattus rattus* et *Mus musculus* introduits et de l'espèce **autochtone**, *Eliurus minor*.

Une autre espèce de carnivore endémique de Madagascar pour laquelle le régime alimentaire a été étudié dans une variété d'**habitats** est *Cryptoprocta ferox* ou le *fossa* en malgache (Figure 5). Dans les forêts sèches caducifoliées d'Ankarafantsika, cet animal se nourrit abondamment de petits mammifères, incluant des espèces endémiques (par exemple, *Microgale brevicaudata*, *Setifer*, *Tenrec*, divers *Eliurus* et *Macrotarsomys*) et de **taxa** introduits (*Suncus murinus* et *Rattus rattus*) (28). Il existe des différences saisonnières, avec plus de petits mammifères consommés pendant la saison des pluies. Environ la moitié de la quantité de ces espèces introduites est dominée par *Rattus*. La masse corporelle moyenne d'une proie donnée sur ce site est de 80 g au cours de la saison des pluies et de 120 g pendant la saison sèche.

Dans la zone de haute montagne du massif d'Andringitra, au-dessus de la limite supérieure de forêt à 1 950 m, *Cryptoprocta* se nourrit de nombreux petits mammifères, y compris de Tenrecinae faisant partie des genres *Setifer* et *Hemicentetes*, des membres de la sous-famille des Oryzorictinae (*Microgale cowani* et *M. dobsoni*), de différents Nesomyinae (*Eliurus* et *Brachyuromys*) et des Murinae introduits (*Mus*) (54). Dans cet **environnement** extrême, où la température peut descendre bien en dessous de zéro degré durant la nuit, une grande proportion du régime alimentaire de ce carnivore est composée de petits mammifères, comparés aux lémuriens de grande taille évoluant dans d'autres parties de son aire de répartition. Sur ce site, la proie la plus courante était *Microgale cowani*, un animal pesant environ 14 g, ce qui est nettement moins que la masse moyenne de la proie de *Cryptoprocta* à Ankarafantsika.

Différentes études sur le **régime alimentaire** des hiboux de Madagascar ont été réalisées, et la plupart des espèces de moyenne à grande taille se nourrissent de rongeurs et de tenrecs. Par exemple, dans le **bush épineux** de la région de Beza Mahafaly, la chouette effraie (*Tyto alba* ; Figure 15), se nourrit de *Suncus etruscus*, de *Geogale aurita*, et également des genres introduits de *Mus* et de *Rattus* (49). Dans les habitats ouverts de plaine de l'Est qui n'est pas à proximité de

Figure 15. La chouette effraie, *Tyto alba*, est souvent un **prédateur** important des différents petits mammifères malgaches. Dans certains endroits et au cours des différentes saisons, les rongeurs (**autochtones** et **introduits**) peuvent constituer une grande partie de son **régime alimentaire**. (Cliché par Harald Schütz.)

forêt naturelle, *R. rattus*, *M. musculus* et *S. murinus* constituent la grande majorité de l'alimentation de cette chouette. Une situation similaire existe dans la région d'Andasibe à environ 950 m, la seule différence étant que *S. murinus* n'est pas représenté dans le régime alimentaire de cette espèce et est remplacé par *S. etruscus.*

Tyto alba a une large distribution à travers le monde et en Malaisie, l'homme a construit des **nichoirs** qui ont été installés dans les plantations de palmiers à huile et dans les zones de vastes rizières pour attirer des couples reproducteurs (68). L'idée étant que, en augmentant la densité de hiboux, les populations de rongeurs seraient maintenues à un niveau relativement bas, réduisant ainsi la destruction des noix des palmiers à huile et autres produits agricoles, et donc d'accroître la production et les revenus financiers. Le projet a très bien fonctionné dans certaines parties de l'Asie du Sud et devrait certainement être envisagé à Madagascar où les rats consomment également de grandes quantités de produits agricoles. Mais cette solution ne pourra se réaliser qu'en convainquant la population rurale que les hiboux ne sont pas toujours associés à la sorcellerie.

Une autre espèce des rapaces, l'hibou de Madagascar, *Asio madagascariensis*, vit en grande partie dans les forêts, évoluant aussi bien dans les forêts sèches que dans les forêts humides (50). Dans la région de Beza Mahafaly, ce hibou **nocturne** est connu pour se nourrir de *Geogale aurita*, ainsi que de *Suncus murinus* introduit, de *Rattus rattus* et de *Mus musculus* ; les trois dernières espèces composent les trois quarts des proies consommées. En revanche, sur un site au Nord de la forêt humide de Tolagnaro, *Eliurus* représentait environ un cinquième, et les rongeurs introduits (*Mus* et *Rattus*), environ les deux cinquièmes du régime alimentaire de ce hibou.

L'Effraie de Soumagne, *Tyto soumagnei*, est une chouette nocturne vivant dans les forêts et à ce titre, on peut s'attendre à ce qu'elle se nourrisse abondamment de petits mammifères **indigènes**. C'est effectivement le cas. Par exemple, dans les forêts humides de basse altitude de la péninsule de

Masoala, les proies consommées par cette chouette comprennent des rongeurs indigènes (un peu plus de la moitié des proies), des rongeurs introduits (moins de 2 %), et différentes espèces de *Microgale* et d'*Oryzorictes* (environ 40 %) (48). Dans les forêts sèches **caducifoliées** d'Ankarana, environ 30 % du régime alimentaire de cette chouette sont composés de petits mammifères, principalement d'*Eliurus carletoni* **endémique** et, dans une moindre mesure, d'espèces introduites, comme *Suncus etruscus* (16). Même après de nombreuses enquêtes sur les petits mammifères, les seules traces connues de *M. brevicaudata* à Ankarana sont les restes identifiés à partir des pelotes de régurgitation de ce hibou. Cela souligne l'utilité de l'analyse des restes osseux des pelotes de régurgitation des **rapaces** afin de fournir d'autres indications sur la communauté de mammifères locaux d'un site donné.

Parmi les rapaces diurnes de grande taille, tels que l'Autour de Henst, *Accipiter henstii* (55) ; le Busard de Madagascar, *Circus macrosceles* (120) et la Buse de Madagascar, *Buteo brachypterus* (9), les petits mammifères sont rarement consommés. Ceci est associé au fait que très peu de petits mammifères de Madagascar sont actifs durant la journée, lorsque ces rapaces sont en quête de nourriture. Par conséquent, ce type de proie est disproportionnellement représenté dans le régime alimentaire des **prédateurs nocturnes**.

Il existe des cas où de petits mammifères sont retrouvés dans l'estomac et les intestins de serpents. Par exemple, dans le Parc National

Figure 16. Les boas sont souvent **prédateurs** des petits mammifères **terrestres** et **arboricoles**. Dans cette photo, un individu de *Sanzinia madagascariensis* (*manditra*) cache dans des feuilles et tiges d'un arbre pour pouvoir facilement capturer une espèce de mammifère. (Cliché par Achille Raselimanana.)

d'Andohahela, les restes d'*Oryzorictes hova* ont été retrouvés dans le ventre d'un serpent *Pseudoxyrhopus* (56). Les différentes espèces de boas de Madagascar consomment régulièrement de petits mammifères (Figure 16). Un cas a été observé dans la forêt de Kirindy Mite où *Acrantophis dumerili* est en train d'engloutir un individu d'une des espèces de tenrec épineux (*Echinops* ou *Setifer*), il est assez extraordinaire qu'il puisse avaler et ingérer les épines dures de ces animaux sans avoir aucun dommage interne de son corps. Un individu de *Rattus rattus* a également été chassé par *Ithycyphus miniatus* (*fandrefiala*) dans la forêt de Mikea, et à Manaratsandry, un individu de *Rattus rattus* a également été englouti par *Madagascarophis colubrinus* (*lapata*).

Un projet plutôt intéressant organisé par l'organisation d'aide allemande GIZ (Deutsche Gesellschaft für

Internationale Zusammenarbeit) s'est mis en place dans la région de Marovoay pour lutter contre les rongeurs non indigènes qui consomment des quantités considérables de riz. Des boas ont été introduits dans les rizières et les zones aux alentours afin qu'ils chassent les rongeurs introduits. A la fin de ce projet, grâce aux boas, le nombre de tiges de riz coupées et détruites par les rongeurs introduits ont diminué.

MAMMIFERES EXOTIQUES

Un certain nombre d'espèces de mammifères ont été **introduites** par l'homme à Madagascar, soit accidentellement, soit intentionnellement. Certains de ces animaux sont des espèces **synanthropiques** qui vivent à proximité de l'homme (comme les rats et souris *Rattus rattus*, *R. norvegicus* et *Mus musculus* ou les musaraignes *Suncus murinus*), des animaux sauvages introduits par l'homme et qui se sont naturalisés (comme les cerfs *Cervus timorensis* et *Dama dama*) ou des animaux **domestiques** (par exemple, les chèvres, moutons, cochons, chiens et chats).

La plus vieille trace relative à *Rattus* à Madagascar provient des restes de squelettes récoltés à Mahilaka, ville portuaire islamique du 11ème au 14ème siècle et située au Sud d'Ambanja (106, 114). Le matériel de *Rattus* en provenance de ce site était cependant trop fragmentaire pour déterminer de quelle espèce il s'agissait. Au tournant du 20ème siècle, il était évident que *R. rattus* avait **colonisé** la forêt naturelle de l'île. Cecil S. Webb, un zoologiste qui a effectué les recherches sur les petits mammifères au cours de la seconde guerre mondiale, notait (145) « Le rat brun commun (*Rattus norvegicus*) ainsi qu'une race du rat noir commun (*Rattus frugivorus*) ont été introduits, probablement par l'intermédiaire de bateaux infestés de rats et qui s'étaient multipliés à des taux alarmants. Les forêts orientales grouillent à présent de ces rats et ceci même dans les régions les plus reculées où les conditions ne sont pas favorables à l'installation de l'homme. Ces **allochtones**, avec de remarquables capacités à s'adapter à toute nouvelle condition, sont extrêmement prolifiques et contrairement aux rats **autochtones** ont des portées importantes et cela tout au long de l'année. Leurs instincts naturels sont sans aucun doute responsables du déclin rapide des espèces **indigènes**. »

Plus récemment il a pu être mis en évidence que dans certains sites au moins, lorsque *Rattus rattus* colonise une forêt, il y a un déclin des petits mammifères indigènes, plus particulièrement des rongeurs. Dans la zone sommitale de la Montagne d'Ambre, une altitude qui va généralement de paire avec des mesures élevées de la richesse spécifique des rongeurs **endémiques**, beaucoup de *R. rattus* ont été capturés (52). De plus, pour reprendre les dires de Webb, nous avons rencontré *Rattus* dans des sites forestiers extrêmement reculés et ne montrant aucun signe de passage de l'homme à des distances largement supérieures à 20 km du village le plus proche. Quant à savoir si la relation apparemment évidente entre la **colonisation** d'un site forestier par *Rattus* et la **disparition** conséquente des animaux indigènes est liée à la **compétition** ou peut-être à l'introduction de certaines maladies reste une question ouverte (29).

En général, *Rattus* semble être davantage capable de coloniser les forêts humides que les forêts plus sèches de l'Ouest et le **facteur limitant** semble être l'accès à l'eau. En fait, dans les forêts humides de l'Est, des concentrations de rats plus importantes s'observent souvent le long des cours d'eau qui pourraient être des couloirs de **dispersion** importants leur permettant de gagner des accès allant des régions agricoles de basses altitudes aux forêts des zones sommitales. Dans le contexte d'un milieu rural à proximité des villages et dans un contexte **synanthropique**, *R. rattus* semble relativement sédentaire, avec de nombreux animaux piégés après plusieurs mois sur ou à proximité du site de capture d'origine (108).

Les petits mammifères actuels de Madagascar et leur distribution

Les récents travaux sur la **distribution** et la **systématique** des tenrecs et des rongeurs malgaches ont mené à la découverte de nombreux **taxa endémiques** nouveaux pour la science. Un résumé des espèces de tenrecs et de rongeurs malgaches publié en 1993, indiquait 21 et 14 espèces, respectivement, pour un total de 35 (73, 94). En avril 2011, pendant que ce livre était en préparation, ces chiffres étaient de 32 et 27, respectivement (Tableau 3), pour un total de 59 espèces. Cette augmentation notable en un peu moins de 20 ans est en partie liée aux changements **taxonomiques** des formes déjà décrits, mais plus important encore aux espèces nouvelles pour la science découvertes à partir de spécimens collectés au cours des dernières enquêtes sur le terrain.

Au cours des dernières décennies, un certain nombre de chercheurs ont réalisé des inventaires sur les petits mammifères inconnus ou mal connus des zones forestières de l'île. Les données et les **échantillons** récoltés au cours de ces prospections ont été d'une importance considérable pour comprendre les modes de répartition de ces animaux, quelques indications sur leur **écologie**, et la découverte d'un grand nombre de formes qui étaient jusque-là inconnues par le monde scientifique. Au cours de ces inventaires, différents dispositifs sont utilisés pour capturer les différents petits mammifères présents dans un bloc forestier donné. Il peut s'agir de différents types de pièges, y compris

Tableau 3. La faune moderne des petits mammifères de Madagascar. Toutes les espèces **indigènes** présentes sur l'île ne se trouvent nulle part ailleurs dans le monde et, par conséquent elles sont **endémiques**. Les exceptions sont précédées du signe #, elles ont été **introduites** (**allochtones**) sur l'île par l'homme.

Famille	Sous-famille	Espèce
Tenrecidae	Tenrecinae	*Echinops telfairi*
		Hemicentetes semispinosus
		Hemicentetes nigriceps
		Setifer setosus
		Tenrec ecaudatus
	Geogalinae	*Geogale aurita*
	Oryzorictinae	*Limnogale mergulus*
		Microgale brevicaudata
		Microgale cowani
		Microgale dobsoni
		Microgale drouhardi
		Microgale dryas
		Microgale fotsifotsy
		Microgale gracilis
		Microgale grandidieri
		Microgale gymnorhyncha
		Microgale jenkinsae
		Microgale jobihely
		Microgale longicaudata
		Microgale majori
		Microgale monticola
		Microgale nasoloi
		Microgale parvula
		Microgale principula
		Microgale prolixacaudata
		Microgale pusilla
		Microgale soricoides
		Microgale taiva
		Microgale talazaci
		Microgale thomasi
		Oryzorictes hova
		Oryzorictes tetradactylus
Soricidae	Soricinae	#*Suncus etruscus*
		#*Suncus murinus*
Muridae	Murinae	#*Mus musculus*[1]
		#*Rattus norvegicus*
		#*Rattus rattus*
Nesomyidae	Nesomyinae	*Brachytarsomys albicauda*
		Brachytarsomys villosa
		Brachyuromys betsileoensis
		Brachyuromys ramirohitra
		Eliurus antsingy
		Eliurus carletoni
		Eliurus danieli

Tableau 3. (suite)

Famille	Sous-famille	Espèce
Nesomyidae	Nesomyinae	*Eliurus ellermani*
		Eliurus grandidieri
		Eliurus petteri
		Eliurus tanala
		Eliurus webbi
		Gymnuromys roberti
		Hypogeomys antimena
		Macrotarsomys bastardi
		Macrotarsomys ingens
		Macrotarsomys petteri
		Monticolomys koopmani
		Nesomys audeberti
		Nesomys lambertoni
		Nesomys rufus
		Voalavo antsahabensis
		Voalavo gymnocaudus

[1] Des travaux récents sur la génétique de ce genre à Madagascar indiquent que l'espèce présente localement est *Mus gentilulus* originaire de la Péninsule arabique (31).

Figure 17. Plusieurs types des pièges sont utilisés pour capturer les petits mammifères, particulièrement les rongeurs (à gauche) type « Sherman » placé par terre pour les animaux **terrestres** et (à droite) type « National » ou « Tomahawk » sur un tronc d'arbre pour les animaux **arboricoles**. (Clichés par Voahangy Soarimalala.)

ceux conçus pour capturer les rongeurs vivants (Figure 17). Ces pièges utilisent différents types d'appâts pour attirer les animaux, comprenant le beurre de cacahuète, le poisson séché, les oignons, les morceaux de banane et la noix de coco.

Le second type de piège est dénommé « pit-falls » en anglais ou « trous-pièges » en français. Il s'agit d'un piège passif sans appât et composé d'une série de 11 seaux en plastique de 12 à 15 litres enterrés dans le sol jusqu'au bord supérieur. Une barrière en plastique continue et partiellement enfouie dans le sol passant par le centre de chaque seau, et la partie supérieure est fixée à des piquets de bois verticaux (Figure 18). La façon dont ce piège fonctionne est que les animaux **terrestres** se déplaçant sur le sol rencontrent le plastique et suivent la barrière jusqu'à ce qu'ils tombent dans un seau, d'où ils sont incapables de s'en échapper dans la plupart des cas. Ce type de piège capture aussi des animaux vivants et fonctionne très bien pour les petits mammifères terrestres, en particulier les membres de la sous-famille des Oryzorictinae, mais des **invertébrés** et autres **vertébrés** terrestres peuvent aussi être capturés. Il existe plusieurs avantages à capturer les animaux vivants, le plus important étant qu'ils peuvent être identifiés, puis relâchés sans dommage, ainsi que quelques-uns sont retenus comme **échantillons** de référence et également pour les collectes d'**ectoparasites,** d'**endoparasites,** d'organes pour des études **virologiques** et de tissus pour les études de **génétique moléculaire**.

Les récents travaux d'inventaires ont souligné l'importance de la précision des informations sur la localité et l'utilité des échantillons de référence. L'arrivée des appareils « **GPS** » à des coûts relativement bas avantage énormément les biologistes de terrain pour le relevé précis des coordonnées géographiques des sites d'observation et de capture. Ces données sont d'une grande importance lorsque

Figure 18. Trou-piège ou « pit-fall » en anglais, un piège passif et non-appâté. Chaque ligne est composée d'une série de 11 seaux de 12 à 15 l de capacité qui sont reliés par une barrière plastique. Il est destiné aux **vertébrés terrestres**, particulièrement les petits mammifères de la sous-famille des Oryzorictinae. (Cliché par Voahangy Soarimalala.)

de nouvelles données sur les petits mammifères de l'île sont communiquées, car elles contribuent à éliminer les doutes sur les informations du site et du problème de la similarité des noms des localités malgaches.

Comme mentionné plus haut, ces quelques dernières décennies ont vu des progrès considérables sur la connaissance des rongeurs et des tenrecs **autochtones** de Madagascar, avec la découverte de nombreuses espèces nouvelles ou encore inconnues de l'île. Ces études **systématiques** ont été grandement facilitées par les nouveaux échantillons, qui apportent les détails des sites de collecte et les différentes informations sur l'**écologie** et la **morphologie** des animaux capturés. D'autre part, vu les récentes découvertes d'espèces nouvelles et les modifications de la **taxonomie** des petits mammifères malgaches, associées au fait que de nombreuses espèces peuvent coexister dans les mêmes localités alors que leur morphologie externe ne varie que très subtilement, l'importance d'échantillons de référence déposés dans les musées, devrait être soulignée. Ces spécimens sont extrêmement importants pour les archives des organismes, qui permettent la vérification des animaux étudiés, basé sur des études morphologiques ou de génétique moléculaire. La Salle de Collection du Département de Biologie Animale de l'Université d'Antananarivo possède maintenant une vaste collection de vertébrés terrestres malgaches, c'est l'endroit idéal pour faire le don de tel matériel, où il pourra servir à des générations de chercheurs et être extrêmement précieux du point de vue archivistique.

Les inventaires des petits mammifères **autochtones** et **allochtones** réalisés à travers Madagascar (Tableau 4) montrent clairement que la **diversité** spécifique de l'Est (forêt **sempervirente**) de l'île et plus importante, surtout en milieux forestiers, par rapport à celle de l'Ouest (forêt sèche **caducifoliée**). Plusieurs raisons sont à l'origine de cette différence. Dans la partie orientale de l'île, en particulier dans les forêts humides, l'impact de la saisonnalité est considérablement moins important que dans la forêt sèche de l'Ouest. Ainsi, dans les forêts humides, à cause de ces modèles météorologiques, il est relativement rare de voir des périodes dans l'année où les aliments consommés par ces animaux sont peu abondants, en particulier les graines pour les rongeurs et les **invertébrés** pour les tenrecs. Cette situation est différente de celle des forêts sèches, où chaque année, la saison sèche dure de trois à six mois et dans le **bush épineux**, elle peut durer de neuf à 10 mois. Par conséquent, il n'est pas surprenant que pour les petits mammifères de ces sites, les mesures de densité et la diversité spécifique sont réduites par rapport aux forêts humides.

La complexité végétale des ces forêts sempervirentes fournit des **microhabitats** variés et donne des moyens aux espèces de taille et de régime alimentaire similaires pour réduire la **compétition** et vivre en **sympatrie** dans le même bloc forestier. Par contre, les microhabitats divers dans une forêt sèche sont notablement moins importants.

Comme les forêts sempervirentes sont largement continues entre le Nord et le Sud de l'île, les petits mammifères vivant dans cette zone ont des distributions relativement larges et sont documentés dans de nombreux sites (Tableau 4). En revanche, dans la partie Ouest de l'île, qui est associée à un plus vaste éventail de formations géologiques et souvent accompagnées de communautés végétales isolées, ainsi que d'un gradient pluviométrique plus prononcé du Nord au Sud, le nombre d'espèces avec des distributions dans une petite échelle (restreintes) est plus grand par rapport à celui des forêts sempervirentes. Ainsi, alors que les forêts sempervirentes ont une plus grande diversité et densité de petits mammifères autochtones, les forêts sèches ont un plus grand niveau de **microendémisme**.

Comme on peut facilement imaginer, étant donné les comportements craintifs et largement **nocturnes** des petits mammifères malgaches, ils ne sont pas faciles à étudier. Ainsi, des captures sont absolument nécessaires pour documenter correctement les espèces d'un bloc forestier donné. De nombreuses localités de l'île n'ont jamais été visitées par les **mammalogistes** et beaucoup restent à étudier. Dans le contexte des nouveaux inventaires à faire, le travail de détail sera nécessaire, utilisant les études muséologiques classiques ou les études de **génétique moléculaire** plus modernes, pour correctement identifier les animaux capturés.

Sur les 59 espèces de rongeurs et tenrecs autochtones actuellement connues à Madagascar, 18 soit un tiers (10 rongeurs et 8 tenrecs) ont été tout récemment nommées comme nouvelles pour la science. Donc, les inventaires récents et les études **systématiques** associées ont eu une influence majeure sur les mesures de richesse spécifique et d'**endémisme** à Madagascar. Mais alors que les découvertes d'espèces nouvelles à la science diminueront certainement, d'autres taxa, surtout les **espèces cryptiques**, restent encore à découvrir et à décrire.

LES PETITS MAMMIFERES DANS LA TRADITION MALGACHE

A Madagascar, de nombreuses localités portent un nom relatif à ces animaux comme par exemple, pour les rongeurs « Marovoalavo » ou « Bevoalavo » qui se traduit par « beaucoup de rats ». D'autres exemples pour les tenrecs épineux sont « Ambohitsokina » ou la montagne aux *sokina* (*Setifer*), « Ampangadinatrandraka » ou la place où on déterre les *trandraka* (*Tenrec*) de leurs terriers, « Alasora » ou la forêt aux *sora* (*Hemicentetes*) et « Nosy Tandraka » ou l'île aux *trandraka*.

Par ailleurs, les petits mammifères sont cités dans de nombreux contes et légendes venant de différents groupes culturels malgaches. Voici un conte Tsimihety appelé la vielle femme et les tenrecs ou « tanrecs » ici (26).

Tableau 4. Espèces de petits mammifères recensés dans différentes localités de Madagascar. + = spécimens et documentation ; (+) = observation et - = absence. Certains taxa de la Grande île ne sont pas listés ici car leur distribution géographique ne couvre pas les sites mentionnés. Toutes ces espèces sont **endémiques** de Madagascar sauf les espèces précédées par un « # ».

Site	**Montagne d'Ambre**	**Tsaratanana**	**Anjanaharibe-Sud[1]**	**Marojejy**	**Masoala**	**Tampolo**	**Anjozorobe**	**Ambohitantely**	**Maromiza-Lakato**	**Ranomafana**	**Andringitra**	**Midongy-Sud**	**Andohahela (Parcelle 1)**	**Ankarana**	**Ankarafantsika**	**Bemaraha**	**Kirindy (CNFEREF)**	**Isalo**	**Mikea**	**Tsimanampetsotsa**	**Andohahela (Parcelles 2 et 3)**
Fourchette d'altitude des sites d'étude en mètres	340-1350	730-2500	800-1950	450-1875	0-1000	5-10	1250-1325	1450-1660	950-1100	910-1225	720-2450	650-1250	440-1875	50-180	100-230	100-140	80-100	550-800	50-80	50-100	120
Tenrecidae																					
Tenrecinae																					
Echinops telfairi	-	-	-	-	-	-	-	-	-	-	-	-	-	-	-	-	+	-	+	+	+
Hemicentetes semispinosus	-	+	+	+	+	-	+	-	+	+	+	+	-	-	-	-	-	-	-	-	-
H. nigriceps	-	-	-	-	-	-	-	-	-	-	+	-	-	-	-	-	-	-	-	-	-
Setifer setosus	+	+	+	+	+	+	+	+	+	+	+	+	+	+	+	+	+	+	+	+	+
Tenrec ecaudatus	+	+	+	+	+	+	+	+	+	+	+	+	+	+	+	+	+	+	+	+	+
Geogalinae																					
Geogale aurita	-	-	-	-	-	-	-	-	-	-	-	-	-	-	-	+	+	-	+	+	+
Oryzorictinae																					
Limnogale mergulus	-	-	-	-	-	-	-	-	-	+	+	-	-	-	-	-	-	-	-	-	-
Microgale brevicaudata	+	+	-	+	+	-	-	-	-	-	-	-	-	+	+	+	+	-	-	-	-
M. cowani	-	+	+	+	+	-	+	+	-	+	+	+	+	-	-	-	-	-	-	-	-
M. dobsoni	+	+	+	+	+	-	+	+	+	+	+	+	+	-	-	-	-	-	-	-	-

Tableau 4. (suite)

Site	Montagne d'Ambre	Tsaratanana	Anjanaharibe-Sud[1]	Marojejy	Masoala	Tampolo	Anjozorobe	Ambohitantely	Maromiza-Lakato	Ranomafana	Andringitra	Midongy-Sud	Andohahela (Parcelle 1)	Ankarana	Ankarafantsika	Bemaraha	Kirindy (CNFEREF)	Isalo	Mikea	Tsimanampetsotsa	Andohahela (Parcelles 2 et 3)
M. drouhardi	+	+	-	-	-	-	-	-	+	+	+	+	-	-	-	-	-	-	-	-	-
M. dryas	-	-	+	-	-	-	-	-	-	-	-	-	-	-	-	-	-	-	-	-	-
M. fotsifotsy	+	+	+	+	-	-	+	-	+	+	+	+	+	-	-	-	-	-	-	-	-
M. gracilis	-	-	+	+	-	-	-	-	-	+	+	-	+	-	-	-	-	-	-	-	-
M. grandidieri	-	-	-	-	-	-	-	-	-	-	-	-	-	-	-	+	-	-	-	-	-
M. gymnorhyncha	-	+	+	+	-	-	+	+	+	+	+	+	+	-	-	-	-	-	-	-	-
M. jenkinsae	-	-	-	-	-	-	-	-	-	-	-	-	-	-	-	-	-	-	+	-	-
M. jobihely	-	+	-	-	-	-	-	-	-	-	-	-	-	-	-	-	-	-	-	-	-
M. longicaudata	-	+	+	+	-	-	+	+	+	+	+	+	+	-	-	-	+	-	-	-	-
M. majori	-	+	-	-	-	-	+	+	+	+	+	+	+	-	-	-	-	-	-	-	-
M. monticola	-	-	+	+	-	-	-	-	-	-	-	-	-	-	-	-	-	-	-	-	-
M. nasoloi	-	-	-	-	-	-	-	-	-	-	-	-	-	-	-	-	+	-	-	-	-
M. parvula	+	+	+	+	+	-	+	+	+	+	+	+	+	-	-	-	-	-	-	-	-
M. principula	-	-	+	+	-	-	+	+	+	+	+	+	+	-	-	-	-	-	-	-	-
M. prolixacaudata	+	-	-	-	-	-	-	-	-	-	-	-	-	-	-	-	-	-	-	-	-
M. pusilla	-	-	-	-	-	-	-	+	-	-	+	-	-	-	-	-	-	-	-	-	-
M. soricoides	-	+	+	+	-	-	+	-	+	+	+	+	+	-	-	-	-	-	-	-	-
M. taiva	-	+	-	-	+	-	+	-	+	+	+	+	-	-	-	-	-	-	-	-	-
M. talazaci	+	+	+	+	+	-	+	-	+	-	+	+	+	-	-	-	-	-	-	-	-
M. thomasi	-	+	-	-	-	-	+	-	+	+	+	+	+	-	-	-	-	-	-	-	-
Oryzorictes hova	-	+	+	+	+	-	+	+	+	+	+	+	+	-	-	-	-	-	-	-	-
O. tetradactylus	-	-	-	-	-	-	-	-	-	-	+	-	-	-	-	-	-	-	-	-	-
Soricomorpha																					

Tableau 4. (suite)

Site	Montagne d'Ambre	Tsaratanana	Anjanaharibe-Sud[1]	Marojejy	Masoala	Tampolo	Anjozorobe	Ambohitantely	Maromiza-Lakato	Ranomafana	Andringitra	Midongy-Sud	Andohahela (Parcelle 1)	Ankarana	Ankarafantsika	Bemaraha	Kirindy (CNFEREF)	Isalo	Mikea	Tsimanampetsotsa	Andohahela (Parcelles 2 et 3)
Soricidae																					
#*Suncus etruscus*	-	-	-	-	-	-	-	+	-	-	-	-	-	+	+	-	-	+	+	+	+
#*S. murinus*	+	+	-	-	+	+	+	+	+	-	-	-	-	-	+	-	-	-	-	-	-
Rodentia																					
Muridae																					
#*Rattus rattus*	+	+	+	+	+	+	+	+	+	+	+	+	+	+	+	+	+	+	+	+	+
#*R. norvegicus*	-	-	-	-	-	-	-	-	-	-	-	-	-	-	-	-	-	-	-	-	+
#*Mus musculus*	-	+	-	-	-	-	-	-	+	-	+	+	-	+	-	+	+	+	-	+	+
Nesomyidae																					
Nesomyinae																					
Brachytarsomys albicauda	-	-	+	(+)	-	-	+	-	(+)	+	(+)	+	+	-	-	-	-	-	-	-	-
B. villosa	-	+	+	-	-	-	-	-	-	-	-	-	-	-	-	-	-	-	-	-	-
Brachyuromys betsileoensis	-	-	+	-	-	-	-	-	-	+	+	-	+	-	-	-	-	-	-	-	-
B. ramirohitra	-	-	-	-	-	-	-	-	-	-	+	-	-	-	-	-	-	-	-	-	-
Eliurus antsingy	-	-	-	-	-	-	-	-	-	-	-	-	-	-	-	+	-	-	-	-	-
E. carletoni	-	-	-	-	-	-	-	-	-	-	-	-	-	+	-	-	-	-	-	-	-
E. danieli	-	-	-	-	-	-	-	-	-	-	-	-	-	-	-	-	-	+	-	-	-
E. grandidieri	-	+	+	+	-	-	+	-	+	-	-	-	-	-	-	-	-	-	-	-	-
E. majori	+	+	+	+	-	-	+	+	-	-	+	+	+	-	-	-	-	-	-	-	-
E. minor	-	+	+	+	+	-	+	-	+	+	+	+	+	-	-	-	-	-	-	-	-
E. myoxinus	-	+	-	+	-	-	-	-	-	-	-	-	-	-	+	+	+	+	+	+	+

Tableau 4. (suite)

Site	Montagne d'Ambre	Tsaratanana	Anjanaharibe-Sud[1]	Marojejy	Masoala	Tampolo	Anjozorobe	Ambohitantely	Maromiza-Lakato	Ranomafana	Andringitra	Midongy-Sud	Andohahela (Parcelle 1)	Ankarana	Ankarafantsika	Bemaraha	Kirindy (CNFEREF)	Isalo	Mikea	Tsimanampetsotsa	Andohahela (Parcelles 2 et 3)
E. tanala	-	+	+	+	+	-	+	-	+	+	+	+	+	-	-	-	-	-	-	-	-
E. webbi	+	+	+	+	+	+	-	-	+	+	+	+	+	-	-	-	-	-	-	-	-
Gymnuromys roberti	-	-	+	+	-	-	+	-	+	+	+	+	+	-	-	-	-	-	-	-	-
Hypogeomys antimena	-	-	-	-	-	-	-	-	-	-	-	-	-	-	-	-	+	-	-	-	-
Macrotarsomys bastardi	-	-	-	-	-	-	-	-	-	-	-	-	-	-	+	-	+	+	-	+	-
M. ingens	-	-	-	-	-	-	-	-	-	-	-	-	-	-	+	-	-	-	-	-	-
M. petteri	-	-	-	-	-	-	-	-	-	-	-	-	-	-	-	-	-	-	+	-	-
Monticolomys koopmani	-	+	-	-	-	-	-	-	-	+	+	+	+	-	-	-	-	-	-	-	-
Nesomys audeberti	-	-	-	-	+	-	-	-	-	+	+	-	-	-	-	-	-	-	-	-	-
N. lambertoni	-	-	-	-	-	-	-	-	-	-	-	-	-	-	-	+	-	-	-	-	-
N. rufus	-	+	+	+	+	-	+	-	+	+	+[2]	+	+	-	-	-	-	-	-	-	-
Voalavo gymnocaudus	-	-	+	+	-	-	-	-	-	-	-	-	-	-	-	-	-	-	-	-	-
V. antsahabensis	-	-	-	-	-	-	+	-	-	-	-	-	-	-	-	-	-	-	-	-	-

[1] Comprend le versant ouest du massif, à l'extérieur de l'Aire Protégée.
[2] Les données précédentes de *N. audeberti* sur ce massif sont incorrectes.

« Il y avait une fois, dit-on, chez les Tsimihety, une veille femme qui faisait la chasse aux tanrecs. Un jour elle en prit une nichée qu'elle fit frire, bouillir, rôtir, qu'elle accommoda de toutes les façons, de telle sorte que pendant une semaine, elle ne mangea pas autre chose et finit par en être dégoûtée. Allant au marché, elle passa à côté d'un vendeur de balais fabriqués avec des touffes d'herbes rudes. Sa main les frôla involontairement : « Oh, s'écria-t-elle dans une sorte d'obsession, encore des tanrecs », et elle se sauva. Rentrée chez elle, elle voulut balayer sa case ; mais lorsqu'elle prit son balai, elle fut encore effrayée et le jeta en criant : « Toujours ces tanrecs » ! Ses voisins étonnés de sa peur, parvinrent à la calmer en lui faisant comprendre la différence entre un balai et... le tanrec. » Mais de là est venu le dicton des Tsimihety : Vielle femme dégoûtée pour avoir trop mangé de tanrec, elle a peur même du bout de son balai. »

Un autre conte populaire intéressant concerne un *sokina* et le crocodile.

« Un jour, un *sokina* qui rôdait sur le bord d'une rivière en quête de nourriture, fit la rencontre d'un crocodile. Celui-ci, bon enfant, lui demanda où il allait. N'osant dire qu'il cherchait simplement des larves, il répondait : « Je suis venu pour te rendre visite et te saluer ». Très flatté, le crocodile l'invita à partager son repas ; il s'empara d'un bœuf et le hérisson en mangea une petite part. Après quoi, il partit, non sans avoir invité à son tour son hôte écailleux à venir lui rendre visite dans sa demeure. Au jour convenu, le *sokina* n'avait que quelques larves et insectes à offrir à son vorace commensal qui, mécontent, commença par l'insulter, dévora la totalité du menu préparé, et voulut compléter le repas en engloutissant le hérisson lui-même. Mais celui-ci avait prévu cette conclusion ; à peine fut-il dans la gueule du saurien qu'il hérissa ses piquants, tant et si bien qu'il s'arrêta dans le gosier et le lacéra. Le crocodile en mourut non sans l'avoir au préalable vomi, et le hérisson revit le jour sain et sauf, criant à tous les échos : « Le petit a battu le grand, la ruse a vaincu la force ».

D'autres contes malgaches existent également sur les rats, rongeurs **introduits**, suite à leur mauvaise réputation en tant que destructeur et ennemi numéro 1 du chat. Le plus célèbre est le conte de Betsimisaraka sur le rat et le chat :

« Le père des chats se trouvant, un jour, au bord d'une rivière, qu'il voulait traverser pour se rendre sur la rive opposée, demanda au rat de lui faire passer l'eau. Arrivé au milieu de la rivière, le rat qui portait le chat sur son dos, se dérobe et le fait plonger. Le chat gagna la rive à grande peine. Ayant touché terre, il réunit ses enfants et ses petits enfants : « Voilà ce que m'a fait le rat, leur dit-il ; c'est une insulte qui vous atteint tous. Aussi pour nous venger, détruisons cette race maudite et chaque fois que l'un de ses représentants se trouvera sur notre passage, mangeons-le, tuons-le. »

A Madagascar, les proverbes reflètent des croyances et des attitudes relatives aux différents aspects de la vie. Des proverbes à propos des petits mammifères sont souvent utilisés pour mieux faire sortir les idées de quelques expressions dont les plus communes touchent *Setifer setosus* ou *sokina*, voici quelques exemples :

« *Mason-tsokina e, ka ny kely ananana no ahiratra* »
Comme les yeux de *sokina*, on les ouvre même s'ils sont petits

« *Sokina nanani-bato, tapi-dalan-kaleha* »
Le *sokina* grimpe sur une pierre et ne sait par quel chemin s'en aller

« *Rafotsibe leon-tsokina, matahotra vodi-kofafa* »
Vieille femme en a marre de *sokina*, peur d'une souche des balayes.

CARACTERISTIQUES PHYSIQUES DES PETITS MAMMIFERES

Les petits mammifères possèdent plusieurs caractères externes qui servent à différencier les différentes familles, genres et espèces. Dans ce volume, nous avons fait souvent référence à ces caractères. La Figure 19 représente une espèce du genre *Microgale* et la Figure 20 une espèce du genre *Eliurus*, les termes standard sur la **morphologie** externe et les différentes parties du corps sont présentés.

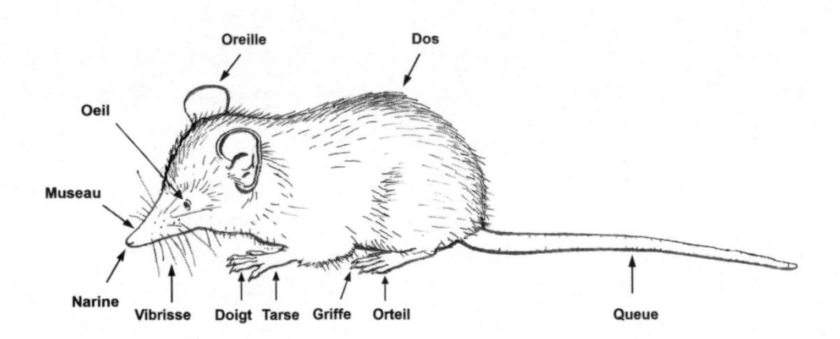

Figure 19. Morphologie d'une espèce du genre *Microgale*. (Dessin par Roger Lala.)

LES HABITATS DES PETITS MAMMIFERES

Les petits mammifères malgaches occupent un large panel d'**habitats** naturels relativement intacts à très **dégradés**. Certains fréquentent l'**écosystème** forestier avec ses divers types de formations, d'autres affectionnent les habitats ouverts et d'autres encore sont adaptés dans les zones humides.

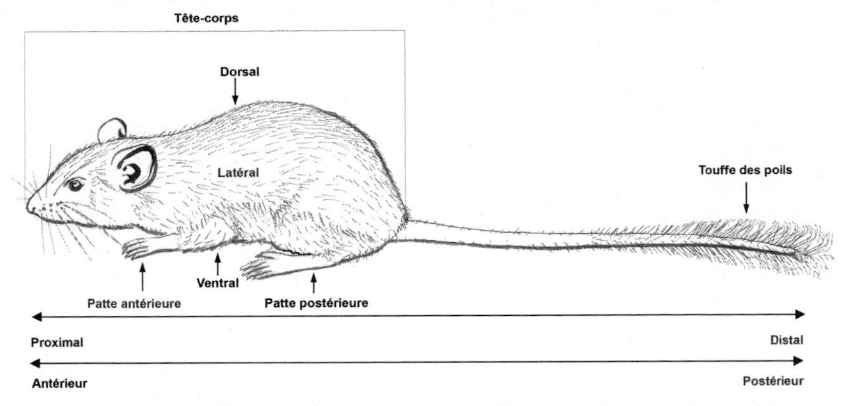

Figure 20. Morphologie d'une espèce de rongeur **endémique** du genre *Eliurus* avec une queue terminée par une touffe des poils et les termes utilisés dans le texte montrant les différentes parties du corps. La longueur de tête-corps doit être relevée sur la face dorsale de l'animal à plat, du bout du museau jusqu'à la base de la queue. La longueur de la patte considérée dans le texte est celle de la patte postérieure (Dessin par Roger Lala.)

Les milieux forestiers

Les milieux forestiers de Madagascar montrent une structure complexe de communautés végétales qui reflète la diversité des types de sols et de substrats rocheux, l'altitude et le climat. Plusieurs systèmes ont été employés pour la **classification phytogéographique** malgache (72, 93). Dans ce livre, la **nomenclature** utilisée vise davantage une classification écologique relative aux **habitats** et à la distribution des petits mammifères. Les termes utilisés dans les sous-titres en **gras** ci-dessous, correspondent aux différents types de végétation de Madagascar largement utilisés dans ce livre.

Forêt humide sempervirente

C'est la formation végétale la plus riche en espèces. Elle se caractérise par une strate **arborescente** de 8 à 35 m de hauteur et un **sous-bois** relativement dense. Ce type de forêt s'étend du niveau de la mer (par exemple sur la côte de la Péninsule de Masoala) jusqu'à la limite de la couverture forestière des massifs les plus hauts de l'île (par exemple dans le massif d'Andringitra). Elle est composée d'arbres, d'arbustes, d'arbrisseaux, de fougères arborescentes et de lianes à feuilles persistantes. Le feuillage des arbres est sempervirent.

Suivant l'altitude, la forêt humide sempervirente est subdivisée en plusieurs habitats :

1) ***Forêt humide de basse altitude.*** La limite supérieure de cette formation est de 900 m d'altitude. C'est cette zone d'altitude de la partie orientale de l'île qui est définie comme étant le versant

Est. Ce type de forêt présente une **canopée** fermée avec une structure à plusieurs **strates** verticales dont les arbres émergents peuvent atteindre 30 à 35 m. La strate arbustive est composée de petits arbres aux feuilles plus **coriaces** et plus larges que celles des arbres de la strate arborescente. La strate herbacée est peu développée. Les végétaux **épiphytes** sont assez abondants. La matière organique et la **litière** du sol ont tendance à être assez limitées. La forêt humide sur sable poussant le long d'une bande étroite de la côte orientale est classée comme forêt littorale.

2) ***Forêt humide de montagne.*** Elle se rencontre aux altitudes plus élevées, entre 800 à 900 et 2 000 m d'altitude. C'est cette zone de la partie centrale de l'île qui est définie comme étant les Hautes Terres centrales. La structure générale diffère de celle de forêt de basse altitude par la hauteur de la canopée qui est de 20 à 25 m dans la zone inférieure et de 8 à 10 m dans la zone supérieure (Figure 21). Aux environs de 1 500 m d'altitude, les bambous et les lianes peuvent être abondants, la matière organique du sol et la litière deviennent plus prononcées et la texture des feuilles présente un caractère coriace plus marqué. Dans la partie supérieure de cette formation, les arbres ont des caractères **sclérophylles**, plus petits et couverts de mousses. La végétation **épiphyte** est plus importante et la strate herbacée plus développée.

3) ***Forêt sclérophylle de montagne.*** C'est une formation à Ericaceae se trouvant normalement au-delà de 2 000 m ; elle est caractérisée par une formation ouverte d'une

Figure 21. La forêt humide de montagne est une formation avec une canopée plus basse par rapport à celle de la forêt humide de basse altitude et comporte beaucoup plus d'**épiphytes**. Cette photo a été prise dans la forêt de Lakato aux environs de 1 000 m d'altitude. (Cliché par Voahangy Soarimalala.)

hauteur moins de 6 m, sans arbres sempervirents à feuilles petites coriaces (Figure 22). Dans cette formation, la matière organique et la litière du sol peuvent être communes, mais elles sont exposées directement au rayonnement solaire et elles peuvent souvent devenir sèches du moins à la surface.

Figure 22. Forêt **sclérophylle** de montagne ou formation à Ericaceae. Cette photo a été prise dans la cuvette de Pic Boby à 2 450 m du massif d'Andringitra. (Cliché par Voahangy Soarimalala.)

Forêt sèche caducifoliée

La forêt sèche **caducifoliée** existe dans la zone entre le niveau de la mer et aux environs de 800 m d'altitude. Elle est diversifiée avec une **canopée** constituée d'arbres atteignant jusqu'à 20 m de haut avec des couronnes souvent interconnectées. Le sous-bois dense est encombré par de nombreuses lianes et arbustes. La strate herbacée et les plantes **épiphytes** sont très peu développées, voire absentes et la matière organique du sol est notamment limitée. Le recouvrement de la couverture herbacée, formée principalement de graminées, est proportionnel à la lumière disponible. Cette forêt est surtout caducifoliée à l'exception d'éléments riverains (forêt **galerie**) rencontrés le long des cours d'eau. Il existe une différence notable vis-à-vis de la présence de feuillage vert entre la saison sèche et la saison humide (Figure 23). Dans de nombreuses forêts où poussent les baobabs du genre *Adansonia,* ils forment des centres d'activité des mammifères, souvent associées à la fructification et la floraison des arbres (Figure 21).

Figure 23. Forêt sèche **caducifoliée** de Madagascar qui est en train de passer de la phase de saison sèche (en haut - la forêt de Beanka à l'Est de Maintirano) à celle de saison des pluies (en bas - la forêt d'Ankarafantsika). La différence de la couverture forestière entre ces deux phases a un impact remarquable sur la disponibilité de la nourriture pour les petits mammifères. (Clichés par Achille P. Raselimanana et Voahangy Soarimalala.)

Bush épineux (fourré épineux du Sud)

Le **fourré** ou **bush épineux** du Sud comporte une strate arborée discontinue de faible hauteur et une strate buissonnante variant en fonction de facteurs climatiques et **édaphiques**. Dans certaines zones, il présente une hauteur moyenne de 2 m et dans d'autres, il avoisine 8 à 10 m. Ce type de végétation est caractéristique des régions les plus sèches et occupe le plus souvent des pentes calcaires (Figure 25). La saison sèche dure souvent 10 mois par an dans certaines zones. La matière organique de la litière est très faible. Les différentes formes biologiques caractéristiques du fourré y sont particulièrement abondantes (plantes épineuses, **aphylles** et succulentes, etc.) comprenant la famille **endémique** des Didiereaceae, les Euphorbiaceae et la plus grande diversité mondiale de baobabs.

Figure 24. Un des aspects extraordinaires et spectaculaires de la forêt sèche **caducifoliée** est les majestueux baobabs qui émergent de la canopée de la forêt. (Cliché par Achille P. Raselimanana.)

Figure 25. Le **bush épineux** est une formation végétale de Madagascar très particulière. Cette photo a été prise dans une zone calcaire près de Saint Augustin. (Cliché par Marie Jeanne Raherilalao.)

Les milieux non-forestiers

Savanes anthropogéniques

Les formations végétales issues de la **dégradation** sont constituées par les savanes arborées et les savanes herbeuses, et occupent de grandes superficies. Ces végétations isolent les forêts intactes qui se présentent sous forme de blocs ou d'îlots discontinus. La formation végétale à hautes herbes est parsemée d'arbres et d'arbustes. La matière organique de la litière est très faible.

Zones humides

Les zones humides sont des étendues de **marais**, de **marécages**, de **tourbières** ou d'eaux naturelles ou artificielles, permanentes ou temporaires, où l'eau est stagnante ou courante et douce. Elles se distinguent par une faible profondeur d'eau, des sols imbibés d'eau, et/ou une végétation dominante composée de plantes **hygrophiles** au moins pendant une partie de l'année (Figure 26).

Habitats secondaires

A la suite des défrichements de la forêt et de la **culture sur brûlis** (*tavy*), certaines surfaces sont aujourd'hui recouvertes d'une végétation secondaire plantée ou naturalisée (**allochtone**). Ces formations secondaires sont colonisées par des végétaux **exotiques envahissants** pouvant former des fourrés. Des vastes étendues sont converties en zones agricoles tels que les riziculturesinondées et les champs pour la culture vivrière.

Figure 26. Les zones humides font partie des habitats importants pour certaines espèces de petits mammifères malgaches. Cette image est un **marais** saisonnier sur le Plateau d'Andohariana à 2 050 m du massif d'Andringitra. (Cliché par Voahangy Soarimalala.)

PARTIE 2. DESCRIPTION DES ESPECES

ORDRE DES AFROSORICIDA
FAMILLE DES TENRECIDAE
SOUS-FAMILLE DES TENRECINAE

Représentée par quatre genres et cinq espèces, toutes **endémiques** à Madagascar. Les membres de cette sous-famille sont : *Echinops telfairi*, *Hemicentetes semispinosus*, *H. nigriceps*, *Setifer setosus* et *Tenrec ecaudatus*. Dans plusieurs cas, ces animaux ressemblent aux hérissons d'Europe et d'Afrique mais c'est une fausse dénomination du fait que les membres des Tenrecinae forment une lignée complètement différente et cette ressemblance est le résultat d'une **évolution convergente** (voir p. 31).

Ces animaux ont une taille assez grande, pesant entre 50 et 1 200 g (Tableau 5). Leurs caractéristiques les plus remarquables sont l'absence ou la réduction quasiment totale de la queue et la présence de poils transformés en piquants de la surface dorsale. Ils ne peuvent être confondus avec aucune autre sous-famille de petits mammifères de l'île. Ces piquants sont hérissés dès que l'animal se sent en danger et *Echinops telfairi* et *Setifer setosus* sont capables de se rouler en boule bien compacte afin de se défendre contre les **prédateurs** qui veulent les attaquer. Certains membres de cette sous-famille n'ont pas la capacité de se rouler en boule.

Tableau 5. Différentes mensurations externes des adultes de la sous-famille des Tenrecinae. Les chiffres présentent les moyennes des mensurations (minimales - maximales et le nombre [n]) des échantillons mesurés (données Vahatra, 118).

Espèce	Longueur totale (mm)	Longueur tête-corps (mm)	Longueur de la queue (mm)	Longueur de la patte (mm)	Longueur de l'oreille (mm)	Poids (g)
Echinops telfairi	143,7 (125-160, n=7)	128,3 (110-155, n=7)	16,2 (12-18, n=7)	17,3 (15-19, n=7)	19,7 (19-21, n=7)	77,5 (50-95, n=7)
Hemicentetes semispinosus	164,8 (142-190, n=14)	-	-	25,1 (21-34, n=14)	18,1 (15-20, n=14)	133,9 (103-184, n=14)
Hemicentetes nigriceps	165,2 (145-186, n=5)	-	-	22,0 (21-22, n=5)	19,2 (18-20, n=5)	97,3 (82-115, n=5)
Setifer setosus	200,0 (187-210, n=5)	192,0 (173-197, n=5)	12,0 (13-14, n=5)	28,6 (27-31, n=5)	19,2 (18-22, n=5)	247,0 (230-280, n=5)
Tenrec ecaudatus	241,0 (116-328, n=22)	-	-	40,0 (32-45, n=22)	27,0 (20-33, n=22)	558,6 (226-1230, n=22)

Echinops telfairi Martin, 1838

Nom malgache : *tambotriky, tambotrika*

Figure 27. Illustration d'*Echinops telfairi.* (Dessin par Velizar Simeonovski.)

Description : Queue peu visible, recouverte par des piquants courts et ne mesurant que de 15 à 17 mm (Tableau 5). Partie dorsale avec des piquants non détachables (Figure 27). Partie ventrale et pattes recouvertes de poils fins clairsemés. Vue latérale de la partie dorsale légèrement courbée. Partie frontale bombée. Pelage variant en général de marron gris clair avec une tendance à être plus foncé à la base et souvent plus clair à l'extrémité. Epines non disposées dans un modèle bien ordonné. Oreilles courtes et arrondies. Pattes antérieures et postérieures développées, adaptées au **fouissement** avec de longues griffes puissantes. Variation de la couleur du pelage due parfois à la couleur du sol ou de la sève des plantes sur lesquelles l'animal se loge durant la phase d'**hibernation** et quelques fois, la couleur est notamment plus sombre (Figure 28). Souvent, l'aspect gris sur les piquants n'est pas visible.

Espèces similaires : Voir *Setifer setosus.*

Histoire naturelle : C'est une espèce **nocturne** et **terrestre** qui se loge dans le trou d'arbre, sous les troncs morts ou les morceaux d'écorce dans la **litière**. Capable de grimper grâce à ses griffes, sur les troncs d'arbres et les branches. Son **régime alimentaire** est constitué principalement d'insectes adultes ou larves. Toutefois, il consomme aussi des cadavres de **vertébrés** (119). En cas de danger, ces animaux s'immobilisent, rentrent les épaules et redressent les piquants et se roulent en boule. La tête reste collée au corps et aucune ouverture n'apparaît sous les piquants. Si l'on retourne l'animal, on aperçoit une toute petite ouverture inaccessible et pleine de

Figure 28. Chez *Echinops telfairi*, il existe une variation considérable de la couleur des piquants. Cette photo montre un individu de coloration notablement sombre. (Cliché par Harald Schütz.)

Distribution : *Echinops* est abondant dans l'extrême Sud et Sud-ouest. En allant vers le Nord, il devient rare au Centre-ouest et le fleuve de Tsiribihina correspond à sa limite septentrionale. A l'Est, la forêt sèche d'Andohahela (Parcelle 2) représente sa limite de distribution orientale. *Echinops* se trouve également dans la région de Miandrivazo, la forêt d'Analavelona et la forêt de Zombitse-Vohibasia. Il est connu depuis le niveau de la mer jusqu'à 1 300 m d'altitude.

piquants. Cette espèce rentre en état d'**hibernation** durant la saison froide variant de trois à quatre mois. Quatre paires de mamelles au maximum. La **gestation** dure de 61 à 66 jours et donne plus de 10 petits par portée (32, 63). Les femelles construisent un nid formé par des feuilles mortes, des herbes sèches et des brindilles pour les petits.

Habitat : *Echinops* fréquente la forêt sèche caducifoliée et le bush épineux du Sud-ouest. Ensuite, il est commun dans les habitats forestiers secondaires et les savanes **anthropogéniques**.

Conservation : Préoccupation mineure (76). *Echinops telfairi* est très chassé en tant que **gibier** surtout dans les zones plus arides au Sud-ouest.

Hemicentetes nigriceps Günther, 1875

Nom malgache : *sora*, *ambiko*, *tsora*

Description : Taille moyenne d'une longueur totale de 145 à 186 mm, sans queue (Tableau 5). Partie dorsale couverte d'un mélange de piquants et de poils de couleur noire (Figure 29). Trois lignes longitudinales de couleur blanche s'étendant le long du corps à partir de la nuque jusqu'à l'abdomen. Front uniformément noir. Oreilles courtes et en partie cachées par les poils fins. La plupart des piquants sur la nuque sont longs et détachables. Griffes des pattes antérieures assez longues et robustes. Pelage ventral dépourvu de piquants.

Espèces similaires : Voir *Hemicentetes semispinosus*.

Figure 29. Illustration de *Hemicentetes nigriceps*. (Dessin par Velizar Simeonovski.)

Histoire naturelle : *Hemicentetes nigriceps* a des **mœurs** largement **nocturnes**. Cette espèce creuse des **terriers** allant jusqu'à 150 cm de long à 15 cm de la surface du sol (32). La femelle prépare un nid creux dans le terrier en utilisant l'humus. Les épines servent de moyen de défense. A la vue de **prédateurs**, l'animal les intimide en érigeant ses épines sur la nuque et en agitant par la suite la tête de haut en bas afin de les piquer et en détachant ses piquants. Pour communiquer entre eux, les individus d'une même espèce utilisent la communication **ultrasonique** (66 ; voir p. 16). De petits cris et grincements sont également perceptibles quand ils sont dérangés, émis juste avant de hérisser leurs piquants. Durant la saison froide, ils rentrent en **hibernation** (141). Leur principale **proie** est le vers de terre. Cinq paires de mamelles. La durée de **gestation** est de 55 à 63 jours et l'espèce ne donne au maximum que quatre petits par portée. La période de **reproduction** dure du début du mois d'octobre jusqu'au mois de mars c'est-à-dire durant la saison chaude et pluvieuse. Les femelles sont fertiles dès la première année de la naissance (139).

Distribution : *Hemicentetes nigriceps* a une distribution restreinte sur les Hautes Terres centrales entre la région d'Ambatolampy, plus à l'Est à Tsinjoarivo, et au Sud jusque dans la région d'Ambalavao. Il est connu entre 1 200 et 2 050 m d'altitude.

Habitat : *Hemicentetes nigriceps* fréquente les forêts humide de montagne et sclérophylle de montagne. Cette espèce est connue pour vivre en **sympatrie** avec *H. semispinosus* à 1 550 m d'altitude dans la région de Tsinjoarivo (57).

Conservation : Préoccupation mineure (76).

Hemicentetes semispinosus (G. Cuvier, 1798)

Nom malgache : *sora*, *ambiko*, *tsora*

Figure 30. Illustration de *Hemicentetes semispinosus*. (Dessin par Velizar Simeonovski.)

Description : Taille moyenne avec une longueur tête-corps de 142 à 190 mm, sans queue (Tableau 5). Partie dorsale couverte d'un mélange de piquants et de poils de couleur noire avec trois lignes de couleur jaune s'étendant longitudinalement le long du corps à partir de la nuque jusqu'à l'abdomen (Figure 30). Présence d'une bande de rayures de couleur jaune sur le centre du front. Oreilles courtes et en partie cachées par des poils fins. Piquants sur la nuque longs et détachables à l'exception de ceux situés au niveau de la région centrale postérieure de la partie dorsale. Griffes des pattes antérieures assez longues et robustes. Pelage ventral dépourvu de piquants.

Espèces similaires : *Hemicentetes semispinosus* peut être confondu avec *H. nigriceps* mais la distinction entre les deux espèces est facile. Chez *H. nigriceps* la couleur de la bande claire de la partie dorsale est blanche tandis que pour *H. semispinosus,* la bande est jaune sur le centre du front.

Histoire naturelle : *Hemicentetes semispinosus* a des **mœurs** largement **nocturnes**, mais il est souvent observé pendant la journée surtout en présence de crachin ou quand le ciel est nuageux. Cette espèce creuse des **terriers** jusqu'à 150 cm de long à 15 cm de la surface du sol (32). Des poils mélangés avec des piquants et de longs poils sensoriels sont répartis sur le dos et les épines servent de moyen de défense et de communication (voir p. 16). De petits cris et des grincements sont également perceptibles quand elle est dérangée, émis juste avant de hérisser ses piquants. Durant la saison froide et certaines conditions climatiques défavorables, l'**hibernation** est facultative (141). Cependant, lors de conditions plus favorables, elle n'entre pas en hibernation mais plutôt en **torpeur** alternant des périodes d'activité et de repos. Sa principale **proie** est le ver de terre. Huit paires de mamelles au maximum. La durée de **gestation** est de 55 à 63 jours et elle donne jusqu'à six petits par portée (32). En captivité, la taille d'une portée est encore plus grande allant jusqu'à 11 petits.

Distribution : La distribution de *Hemicentetes semispinosus* s'étend depuis le Nord à partir du massif forestier de Tsaratanana jusqu'au Sud dans la forêt de Lavasoa (2). Il se trouve également dans certaines villes, comme Sahambavy, Fianarantsoa et Ambalavao. Il est connu à partir du niveau de la mer jusqu'à 2 050 m d'altitude.

Habitat : *Hemicentetes semispinosus* se rencontre dans les forêts humides de basse altitude et de montagne, surtout à côté d'un ruisseau ou d'une rivière. Il peut se trouver également dans les habitats ouverts comme les champs de paddy et de manioc, ainsi qu'en ville. Il est connu pour vivre en **sympatrie** avec *H. nigriceps* aux alentours de 1 500 m d'altitude dans la région de Tsinjoarivo (57).

Conservation : Préoccupation mineure (76).

Setifer setosus (Schreber, 1777)

Nom malgache : *sokina*, *soky*

Figure 31. Illustration de *Setifer setosus*. (Dessin par Vellzar Simeonovski.)

Description : Longueur tête-corps entre 187 et 210 mm (Tableau 5). Queue rudimentaire, pas très visible, ne mesurant que de 15 à 17 mm et présentant des piquants très courts. Partie dorsale recouverte par beaucoup de piquants non détachables mélangés avec des poils très fins et courts (Figure 31). Partie ventrale recouverte de poils clairsemés. Vue latérale du dos courbée. Pelage en général marron clair à gris foncé avec une tendance à être noir, mais les animaux de la forêt sèche caducifoliée et ceux du bush épineux deviennent marron foncé ou gris clair avant d'être blancs aux extrémités des piquants. Par contre, certains individus vivant dans la forêt humide sempervirente ont tendance à être plus sombres (Figure 32). Oreilles courtes et arrondies. Pattes antérieures et postérieures développées et avec de longues griffes puissantes, adaptées au **fouissement**.

Espèces similaires : *Setifer setosus* se confond souvent avec *Echinops telfairi* mais on les différencie au stade adulte par la taille (Tableau 5). Ainsi les piquants d'*E. telfairi* sont plus robustes et plus longs, et arrangés d'une façon verticillée par rapport à ceux de *Setifer* qui sont en modèle régulier.

Histoire naturelle : *Setifer setosus* est un animal **nocturne** et **crépusculaire**. En cas de danger, ces animaux s'immobilisent, rentrent les épaules et redressent les piquants. Si on les touche, ils se roulent en boule. La tête reste collée au corps et aucune ouverture n'apparaît sous les piquants. *Setifer setosus* est considéré comme **omnivore** parce que sa nourriture est constituée de vers de terre (Annelida) et d'**invertébrés** comme les sauterelles (Orthoptera) et les fourmis (Formicidae) (129). Cinq paires de mamelles au maximum. La période de **reproduction** de *S. setosus* est de septembre à octobre. La durée de **gestation** est de 65 à 69 jours et la femelle met bas en décembre-janvier avec trois à 10 petits par portée.

Distribution : Large distribution presque partout à Madagascar du niveau de la mer jusqu'à 2 000 m d'altitude.

Habitat : *Setifer* fréquente tous les habitats forestiers existants sur l'île, c'est-à-dire à l'Est, dans la forêt littorale, les forêts humides de basse

Figure 32. Chez *Setifer setosus,* il existe une variation considérable de la couleur des piquants. Cette photo montre un individu de coloration notablement sombre. (Cliché par Harald Schütz.)

altitude et de montagne, à l'Ouest et au Sud la forêt sèche caducifoliée et le bush épineux. Il se trouve aussi dans les forêts **dégradées** et les habitats secondaires. Ensuite, cette espèce est assez commune dans la formation de savane **anthropogénique**. *Setifer* et *Echinops* sont connus pour vivre en **sympatrie** dans la partie Sud-ouest de l'île.

Conservation : Préoccupation mineure (76). *Setifer setosus* est chassé pour servir de **gibier** surtout dans les zones plus arides au Sud-ouest. Sur les Hautes Terres centrales, à cause des tabous et de sa forte odeur écœurante, *S. setosus* est relativement à l'abri de l'exploitation par les hommes.

Tenrec ecaudatus (Schreber, 1777)

Nom malgache : *trandraka, tandraka, kelora*

Figure 33. Illustration d'un *Tenrec ecaudatus* adulte. (Dessin par Velizar Simeonovski.)

Description : Grande taille, sans queue, longueur tête-corps mesurant entre 145 et 328 mm (Tableau 5). Pelage dorsal très touffu et recouvert par des poils grossiers mélangés avec des piquants non-détachables et longs surtout dans les régions du cou et du milieu du dos (Figure 33). En comparaison avec les autres Tenrecinae, leurs épines sont réduites et moins piquantes. Chez les adultes, pelage brun en général et face ventrale variant du jaune clair au gris blanchâtre vers l'extrémité des pattes. Chez les jeunes, partie ventrale jaune et cinq bandes blanches dorsales visibles (Figure 34). Museau allongé et plus étroit chez les femelles et les jeunes.

Figure 34. Illustration d'un *Tenrec ecaudatus* juvénile. (Dessin par Velizar Simeonovski.)

Oreilles réduites et arrondies. Pattes antérieures assez réduites par rapport aux pattes postérieures. Les adultes mâles sont plus clairs grâce à une large bande de poils clairs sur la surface dorsale. Les poils et piquants sont réduits chez les individus plus âgés. En général, les individus de l'Ouest ont une coloration plus claire que ceux de l'Est. Un mâle plus âgé peut avoir une longueur jusqu'à 300 mm et pèse jusqu'à 1 kg par rapport à un mâle plus jeune qui pèse 400 g.

Espèces similaires : Les adultes de *Tenrec ecaudatus* présentent une différence morphologique très nette avec les **juvéniles** qui se confondent souvent avec *Hemicentetes* à cause des bandes jaunes. Au stade adulte, *T. ecaudatus* est facilement reconnaissable par rapport aux autres membres de cette sous-famille par la coloration de son pelage et sa grande taille.

Histoire naturelle : **Nocturne** et pendant la saison de **reproduction**, **diurne**. Cette espèce ne dispose pas la capacité de se rouler en boule pour se défendre contre les prédateurs. Ces animaux relativement agressifs, possédant de grandes canines, ont la capacité d'éloigner les prédateurs potentiels. Toutefois, un nombre important de jeunes est tué chaque année par les différentes espèces de **Carnivora**. Les piquants sur le flanc vibrent et produisent un bruit à peine audible par les humains allant jusqu'à l'ultrason (67). Le fonctionnement de l'organe de stridulation entre les individus (**intraspécifique**) est utilisé pour communiquer au sein du groupe familial (97). *Tenrec ecaudatus* est un vrai **omnivore** et se nourrit des adultes et des larves d'insectes **endogés** et des tubercules. La **torpeur** durant la saison froide commence généralement au mois d'avril jusqu'en octobre ; parfois, cette période varie selon la région, c'est-à-dire que les animaux des endroits plus arides rentrent en torpeur un peu plus tôt et plus longtemps par rapport à ceux des régions plus humides. Toutefois, les individus mâles démarrent l'**hibernation** avant les femelles au mois de mars. Les femelles rentrent plus tard pour s'occuper des petits et souvent, elles sont avec leurs petits pendant les mois de février jusqu'à avril. Douze paires de mamelles au maximum. La durée de **gestation** est de 58 à 64 jours (97). Le nombre de petits est de 32 par portée au maximum. Le nombre élevé des petits est une **adaptation** contre le haut niveau de **prédation**. Le mâle a un très long pénis et si on l'étire, il arrive à plus de la moitié de la longueur du corps (Figure 35).

Distribution : Large distribution, *Tenrec ecaudatus* peut être rencontré presque partout à Madagascar. Connu entre le niveau de la mer et 1 600 m d'altitude. Il a été **introduit** dans les îles voisines (Comores, Seychelles, Maurice et La Réunion).

Habitat : *Tenrec ecaudatus* occupe différentes sortes d'habitats, à savoir les forêts humides sempervirentes de basse altitude et de montagne, la forêt sèche caducifoliée et le bush épineux. Il existe également dans la savane **anthropogénique**, les forêts **dégradées** et les habitats secondaires comme le champ et la broussaille. Il abonde surtout dans la forêt de basse altitude et dans les champs à proximité de la forêt.

Conservation : Préoccupation mineure (76). *Tenrec ecaudatus* est l'espèce la plus chassée parmi les petits mammifères malgaches à cause de sa taille et de sa chair très appréciée. Il est facile de la chasser à l'aide de chiens en creusant ses terriers (voir p. 21).

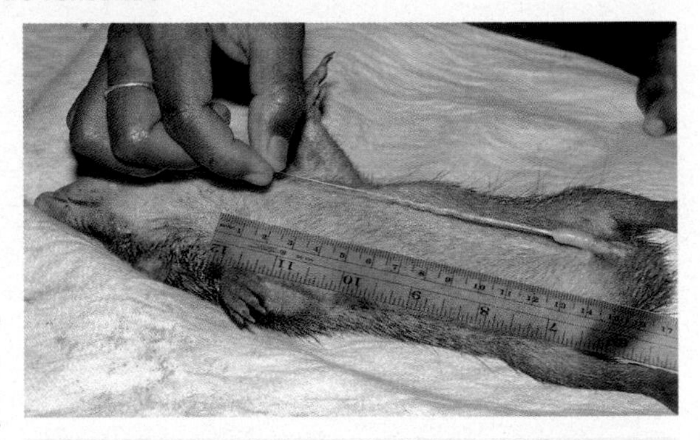

Figure 35. Le pénis prolongé de *Tenrec ecaudatus* peut s'étirer jusqu'à approximativement 70 % de la longueur du corps, du bout du nez jusqu'à la croupe. (Cliché par Harald Schütz.)

SOUS-FAMILLE DES GEOGALINAE

Geogale aurita Milne Edwards & A. Grandidier, 1872

Description : Petite taille avec une queue plus courte allant de 31 à 40 mm par rapport à la longueur tête-corps qui va de 70 à 76 mm (Tableau 6). Oreilles longues par rapport à sa taille (Figure 36). Pelage gris clair sur la partie dorsale et blanc cassé avec une tendance blanc crème sur la partie

Figure 36. Illustration de *Geogale aurita*. (Dessin par Velizar Simeonovski.)

ventrale. Flancs souvent tachetés orange-saumon bien visible et une ligne de démarcation sinueuse sépare la couleur du dos et celle du ventre. Une partie glabre est bien visible dans la partie postérieure ventrale avant l'anus. Poils de la queue sont fins, soyeux et épars. La couleur des pattes est gris clair et devient blanc crème aux extrémités.

Espèces similaires : Il est possible que *Geogale aurita* se confonde avec la souris, *Mus musculus*, mais il est facilement reconnaissable par son pelage gris et blanc crème avec une texture courte ainsi que ses longues oreilles.

Histoire naturelle : *Geogale aurita* a des **mœurs nocturnes** et **terrestres**. Sa vision est apparemment faible et il dépend de l'**audition** et de l'**olfaction** (32). Pendant la saison sèche, il peut souvent être trouvé en **torpeur** dans du bois pourri pendant la journée (67, 140). Toutefois, il se peut qu'il rentre en **hibernation** pendant la saison froide. Son **régime alimentaire** se compose principalement d'**invertébrés**, surtout de termites. L'**accouplement** se déroule entre septembre et mars. Quatre paires de mamelles au maximum. La durée de **gestation** est de 54 à 69 jours (140) et *Geogale* met bas de un à cinq petits par portée.

Tableau 6. Différentes mensurations externes chez les adultes de la sous-famille des Geogalinae. Les chiffres présentent les moyennes des mensurations (minimales - maximales et le nombre [n]) des échantillons mesurés (données Vahatra).

Espèce	Longueur totale (mm)	Longueur tête-corps (mm)	Longueur de la queue (mm)	Longueur de la patte (mm)	Longueur de l'oreille (mm)	Poids (g)
Geogale aurita	110,3 (107-113, n=9)	72,6 (70-76, n=9)	35,0 (31-40, n=9)	11,1 (10-12, n=9)	15,9 (14-17, n=9)	6,9 (5,0-8,3 n=0)

Distribution : *Geogale* se rencontre à l'Ouest, Sud-ouest et Sud depuis le fleuve de Tsiribihina jusqu'à la Parcelle 2 d'Andohahela (56). Il se trouve également dans de nombreuses localités plus à l'intérieur comme la région de Zombitse-Vohibasia et Ampoza (142). Les rapports sur cette espèce dans la région d'Ankarafantsika ont besoin d'une vérification (113). Il est connu entre 10 et 225 m d'altitude.

Habitat : *Geogale* fréquente la forêt sèche caducifoliée et le bush épineux. Il se trouve également dans la savane **anthropogénique** en dehors des zones forestières, surtout dans les savanes où il y a des termitières, et souvent assez loin de la forêt naturelle (142).

Conservation : Préoccupation mineure (76).

Sous-famille des Oryzorictinae

Les Oryzorictinae, avec 26 espèces réparties en trois genres (*Limnogale*, *Oryzorictes* et *Microgale*), présentent des variations morphologiques et des modes de vie considérables. Ils se distinguent des rongeurs par des yeux et des oreilles plus petits mais aussi par leur museau beaucoup plus pointu et doté de multiples **vibrisses**, leur corps est recouvert d'un pelage dense. Ce sont des animaux **nocturnes** qui ont la même **morphologie** générale que la musaraigne mais le museau est souvent plus long, le pelage est sombre et dense, la longueur de la queue est très variables entre les espèces et ils pèsent entre 2 et 40 g. Quelques espèces ont une **adaptation** à la vie **fouisseuse** tandis que les autres sont **terrestres**, semi-**arboricoles** et semi-aquatiques.

Les membres de trois genres de la sous-famille des Oryzorictinae représentent une **radiation adaptative** extraordinaire. Par exemple, *Limnogale* rappelant une loutre par ses habitats semi-aquatiques, ses pattes **palmées** comme les canards et sa queue aplatie. Les deux membres du genre *Oryzorictes* ont une allure de taupe, avec de très petits yeux, de longues griffes, des doigts et orteils puissants formant une sorte de pelle et permettant à ces espèces de s'adapter à la vie fouisseuse.

Le genre *Microgale* est le plus diversifié des petits mammifères malgaches avec 23 espèces. Plusieurs espèces de *Microgale* ont été décrites au cours des dernières décennies. *Microgale* a un aspect proche des musaraignes avec son pelage doux et des poils d'une texture douce, ses pattes et sa queue sont presque nues. Chez *Microgale*, le rapport entre la longueur de la queue et celle de la tête-corps donne un bon indicateur du mode de vie de l'animal (78, 86). Celui qui a une longue queue (c'est-à-dire que la queue est au moins deux fois plus longue que la longueur tête-corps) est considéré comme un animal semi-arboricole qui utilise sa queue comme un organe de balancement et **préhensile**. Dans la plupart des cas, peu de détails sont connus sur l'histoire naturelle des membres de ce genre et pour plusieurs espèces mentionnées ci-dessous cette sous-section est supprimée.

A part leur taille, la plupart des espèces de *Microgale* sont facilement reconnaissables par des caractères morphologiques externes, qui comprennent la couleur du pelage, la longueur de la queue, la longueur et la forme du museau. Pour quelques espèces, la détermination exacte exige un examen approfondi de la structure des crânes et des dents, qui est encore problématique chez les **subadultes** (86). *Microgale* possède deux dentitions successives, appelées **dents de lait** et dentition permanente. Pour mieux distinguer les différentes espèces, nous les avons séparées en cinq classes distinctes suivant leur taille, qui comprend la longueur de la queue :

1) Les espèces de petite taille -- *M. parvula* et *M. pusilla*.
2) Les espèces de petite à moyenne taille -- *M. brevicaudata*, *M. cowani*, *M. drouhardi*, *M. fotsifotsy*, *M. grandidieri*, *M. jenkinsae*, *M. jobihely*, *M. nasoloi* et *M. taiva*.
3) Les espèces de moyenne taille -- *M. dryas*, *M. gracilis*, *M. gymnorhyncha*, *M. monticola*, *M. soricoides* et *M. thomasi*.
4) Les espèces à longue queue dont la longueur de la queue est au moins deux fois plus longue par rapport à la longueur tête-corps -- *M. longicaudata*, *M. majori*, *M. principula* et *M. prolixacaudata*.
5) Les espèces de grande taille -- *M. dobsoni* et *M. talazaci*.

Tableau 7. Différentes mensurations externes chez les adultes non-*Microgale* spp. de la sous-famille des Oryzorictinae. Les chiffres présentent les moyennes des mensurations (minimales - maximales et le nombre [n]) des échantillons mesurés. S'il n'y a que un ou deux spécimens par espèce, ces chiffres ne sont pas présentés (données Vahatra, 7).

Espèce	Longueur totale (mm)	Longueur tête-corps (mm)	Longueur de la queue (mm)	Longueur de la patte (mm)	Longueur de l'oreille (mm)	Poids (g)
Limnogale mergulus	283,9 (250-325, n=9)	140,9 (121-170, n=9)	143,0 (128-161, n=9)	34,0 (32-36, n=8)	13,5 (13-14, n=14)	79,0 (60-107, n=8)
Oryzorictes hova	165,0 (147-179, n=35)	112,9 (100-126 n=35)	50,1 (43-65, n=35)	16,5 (11-18 n=35)	10,8 (10-12 n=35)	42,5 (30,0-51,5, n=35)
Oryzorictes tetradactylus	158, 165	114, 122	45, 42	15, 16	15, 17	29,5, 31,0

Limnogale mergulus Major, 1896

Nom malgache : *voalavondrano*

Figure 37. Illustration de *Limnogale mergulus*. (Dessin par Velizar Simeonovski.)

Description : Queue de 128 à 161 mm qui est approximativement égale à la longueur de son corps (Tableau 7) qui est de 121 à 170 mm. Pelage dense brun grisâtre avec une tendance roux noirâtre sur la surface dorsale et gris jaunâtre clair sur la surface ventrale (Figure 37). Museau prend une forme renflée. Yeux et oreilles petits et partiellement cachés dans le pelage. Pattes antérieures et postérieures présentent des **palmures** interdigitales jusqu'à la base des griffes. Pattes postérieures bordées d'une frange de poils raides blanc argenté, surtout nette du côté externe. Queue longue, puissante, couverte de poils fins et denses, surface ventrale aplatie, ainsi que les faces latérales.

Histoire naturelle : *Limnogale* est la seule espèce **autochtone** adaptée à la vie semi-aquatique grâce à ses pattes **palmées** et sa queue aplatie latéralement. Il a des **mœurs** strictement **nocturnes** et accomplit la majorité de ses activités dans l'eau (7). Cette espèce se propulse dans l'eau grâce à ses pattes postérieures, la queue sert de **gouvernail**. La plongée dure généralement 10 à 15 secondes. Il sort de son **terrier**, longeant la rive des ruisseaux, juste après le coucher du soleil en parcourant des distances allant jusqu'à 1 550 m. *Limnogale* dépose ses **fèces** dans une **latrine** qui est constituée par un grand rocher situé au milieu de la rivière ou du ruisseau. Les troncs d'arbres tombés dans l'eau sont utilisés également comme latrine. Son **régime alimentaire** est constitué largement d'insectes aquatiques, plutôt des larves, il mange aussi de petites grenouilles, des écrevisses et des crevettes d'eau douce (voir p. 19). La nourriture est sortie de l'eau et il la dépose sur un rocher, *Limnogale* la consomme en utilisant ses pattes antérieures. Mamelles au nombre de trois paires. Les femelles mettent bas au mois de décembre (88). Le nombre de petits est au maximum de deux par portée.

Distribution : *Limnogale* se rencontre dans la partie Centre-est de la région de Sihanaka, au Centre, dans la région d'Antsirabe jusqu'à la rivière de Namorona (Ranomafana), Iantara et Manambolo (Ambalavao). Il est connu à partir 450 jusqu'à 2 000 m d'altitude (8, 88).

Habitat : *Limnogale* fréquente le long des berges des cours d'eau et des rivières ainsi que les rives des **marais** et des lacs (8). Cette espèce était auparavant considérée comme strictement forestière mais ce n'est pas le cas car elle se trouve également dans les rivières sur les Hautes Terres centrales hors des couvertures forestières naturelles et aux alentours de plantations de pins.

Conservation : En danger (76).

Oryzorictes hova A. Grandidier, 1870

Figure 38. Illustration d'*Oryzorictes hova*. (Dessin par Velizar Simeonovski.)

Description : Tête-corps de 100 à 126 mm avec une queue plus courte ou presque rudimentaire de 43 à 65 mm (Tableau 7). Pelage court, doux et velouté, pas très épais de couleur généralement brun noirâtre à marron grisâtre avec un éclat brillant sur le dos et brun foncé sur le ventre (Figure 38). Pattes antérieures et postérieures ayant cinq grandes griffes pour lesquelles trois sont courbées. Le museau est nu et terminé par de petites narines, les yeux sont très petits, cachés par le pelage. Les oreilles et la queue sont courtes. A Nosy Mangabe, dans la Baie d'Antongil, des individus **albinos** sont fréquents (Figure 39).

Espèces similaire : *Oryzorictes hova* peut-être confondu avec *O. tetradactylus*, mais la grande différence est que chez *O. hova*, les pattes antérieures ont quatre doigts au lieu de cinq chez *O. tetradactylus*. La fourrure d'*O. tetradactylus* est nettement plus épaisse et moins veloutée. Les membres de ce genre peuvent être facilement différenciés avec les autres membres **fouisseurs** du genre *Microgale*, en particulier *M. dryas*, *M. gracilis* et *M. gymnorhyncha*, grâce à leurs pattes nettement plus développées et leur remarquable museau épaté.

Histoire naturelle : *Oryzorictes hova* est **nocturne**. Dans les milieux forestiers, il est particulièrement plus fréquent dans les zones plus humides et dans le sol riche en contenu organique où certainement plus riche en **invertébrés** du sol. Cette espèce se trouve également dans les **marais** et même des rizières. D'après ses caractères morphologiques, elle est une excellente fouisseuse. Mamelles au nombre de trois paires. Nombre de petits est au maximum de quatre par portée.

Distribution : *Oryzorictes hova* a une large distribution dans la forêt humide depuis le Nord-ouest à Tsaratanana jusqu'à Daraina (Loky-Manambato), sur les Hautes Terres centrales et sur le versant Est jusqu'à l'extrême Sud (Forêt de Lavasoa) (2). Le **holotype** d'*O. talpoides*, qui est considéré comme synonyme d'*O. hova*, a été collecté dans la rizière de la région de Marovoay à Mahajanga (56). Il est connu à partir du niveau de la mer jusqu'à 2 050 m d'altitude.

Habitat : *Oryzorictes hova* se rencontre dans la forêt humide sempervirente de basse altitude jusqu'à la forêt sclérophylle de montagne. Il est particulièrement fréquent en basse et en moyenne altitude. Le seul endroit qui l'abrite en haute altitude est la forêt de Tsaratanana à 2 050 m. *Oryzorictes hova* fréquente également les habitats secondaires surtout les rizières à proximité de la forêt.

Conservation : Préoccupation mineure (76).

Figure 39. Certaines populations d'*Oryzorictes hova* présentent une forte tendance à avoir une coloration du pelage plus clair, dont plusieurs individus sont **albinos**. Cette photo a été prise à Nosy Mangabe. (Cliché par Harald Schütz.)

Oryzorictes tetradactylus Milne Edwards & G. Grandidier, 1882

Figure 40. Illustration d'*Oryzorictes tetradactylus*. (Dessin par Velizar Simeonovski.)

Description : Longueur tête-corps de 114 à 122 mm avec une queue plus courte de 42 à 45 mm (Tableau 7). Pelages dorsal et ventral doux, très épais de couleur gris brun (Figure 40). Pattes antérieures avec quatre grandes griffes pour lesquelles trois sont courbées tandis que les pattes postérieures ont cinq orteils. Le museau est nu et terminé par de petites narines, les yeux sont très petits, cachés par le pelage. Les oreilles et la queue sont courtes.

Espèces similaire : Voir *Oryzorictes hova*.

Histoire naturelle : *Oryzorictes tetradactylus* est **nocturne** et n'est apparemment pas strictement forestière, mais il se trouve plutôt dans les habitats naturels ouverts. Basé sur ses **adaptations** morphologiques diverses, y compris les doigts et orteils munis de puissantes griffes, réunis par une membrane, allant presque jusqu'aux ongles, formant une sorte de pelle, c'est clairement une espèce **fouisseuse** qui se nourrit sans doute des **invertébrés** du sol.

Distribution : La zone sommitale d'Andringitra entre 2 050 et 2 450 m d'altitude est le seul endroit actuel connu pour cette espèce. Un certain nombre d'anciens spécimens datant de près d'une centaine d'années ont été trouvés dans la région d'Antsirabe, de Vinanitelo et d'Ivongo.

Habitat : *Oryzorictes tetradactylus* est parmi les espèces de petits mammifères du massif d'Andringitra, caractérisé par la forêt sclérophylle de montagne et les zones **marécageuses** où il résiste bien au froid avec des températures qui descendent jusqu'à -7°C (84, 125) et parfois avec de la neige. L'habitat précis où des anciens spécimens ont été capturés n'est pas clair, mais on sait que dans certains cas, ils auraient été capturés en dehors des zones forestières.

Conservation : Données insuffisantes (76).

MICROGALE

LES ESPECES DE PETITE TAILLE

Microgale parvula G. Grandidier, 1934

Figure 41. Illustration de *Microgale parvula*. (Dessin par Velizar Simeonovski.)

Description : La plus petite de toutes les espèces de *Microgale*. Longueur de la queue de 48 à 51 mm, presque égale à celle de la tête-corps qui est de 50 à 60 mm (Tableau 8). Pelage dorsal brun noirâtre et ventral gris noirâtre (Figure 41). Oreilles particulièrement petites. Pattes uniformément gris noirâtre jusqu'aux extrémités des doigts et orteils. Queue uniformément gris noirâtre.

Espèces similaires : *Microgale parvula* est facilement reconnaissable par sa très petite taille et sa couleur très sombre parmi les autres espèces de *Microgale*. La seule espèce avec qui elle pourrait se confondre est *M. pusilla*, mais ce dernier a des mensurations externes plus grandes (Tableau 8) et un pelage gris brunâtre avec une tendance foncée mais plus claire que *M. parvula*. *Microgale pulla* est un **synonyme** de *M. parvula*.

Distribution : Large distribution, présente au nord depuis Montagne d'Ambre, le complexe Marojejy et Anjanaharibe-Sud, Daraina (Loky-Manambato) et Masoala, le Centre, y compris certains endroits sur les Hautes Terres centrales et sur le versant Est, jusqu'à Andohahela (Parcelle 1). Cette espèce est connue à partir de 450 jusqu'à 2 050 m d'altitude (89).

Habitat : *Microgale parvula* se trouve dans la forêt humide sempervirente intacte ou peu **dégradée**, allant de basse altitude jusqu'à la forêt de montagne. Il est également connu dans une formation de transition entre forêt sèche caducifoliée et forêt humide sempervirente (Daraina). Il s'est adapté aux zones forestières perturbées.

Conservation : Préoccupation mineure (76).

Tableau 8. Différentes mensurations externes des adultes *Microgale* spp. de la sous-famille des Oryzorictinae. Les différentes espèces de *Microgale* sont réparties en cinq classes de taille basée sur les mesures externes. Les chiffres présentent les moyennes des mensurations (minimales - maximales et le nombre [n]) des échantillons mesurés. S'il n'existe que un ou deux spécimens par espèce, ces chiffres ne sont pas présentés (données Vahatra, 45, 61, 79, 132).

	Longueur totale (mm)	**Longueur tête-corps (mm)**	**Longueur de la queue (mm)**	**Longueur de la patte (mm)**	**Longueur de l'oreille (mm)**	**Poids (g)**
Espèces de petite taille						
Microgale parvula	114,1 (100-122, n=18)	56,6 (50-60, n=18)	54,3 (48-61, n=18)	9,7 (8-19, n=18)	8,0 (5-9, n=18)	3,2 (2,2-5,0, n=18)
Microgale pusilla	127,4 (119-136, n=7)	51,4 (47-56, n=7)	69,9 (65-77, n=7)	11,4 (11-12, n=7)	11,4 (10-13, n=7)	3,5 (3,1-4,2, n=7)
Espèces de petite à moyenne taille						
Microgale brevicaudata	114,1 (107-124, n=9)	80,1 (75-87, n=9)	33,2 (30-35, n=9)	12,0 (12-12, n=9)	13,1 (12-14, n=9)	9,4 (6-13, n=9)
Microgale cowani	150,5 (138-165, n=12)	79,7 (72-86, n=12)	68,9 (61-80, n=12)	16,5 (15-18, n=12)	15,7 (14-17, n=12)	11,4 (9,5-14, n=12)
Microgale drouhardi	141,1 (133-156, n=22)	71,0 (65-77, n=22)	72,4 (66-78, n=22)	16,1 (15-17, n=22)	14,1 (12-16, n=22)	10,0 (7,5-13, n=22)
Microgale fotsifotsy	160,5 (151-176, n=4)	75,2 (69-85, n=4)	83,2 (79-86, n=4)	14,5 (14-16, n=4)	16,0 (15-18, n=4)	9,1 (7,5-11, n=4)
Microgale grandidieri	131,2 (124-140, n=12)	78,2 (72-85, n=12)	50,1 (44-58, n=12)	13,0 (11-14, n=12)	15,2 (14-16, n=12)	9,9 (6,6-11,9, n=12)
Microgale jenkinsae	143, 147	59, 62	79, 81	14, 15	18, 18	4,9, 5,3
Microgale jobihely	126,0 (122-131, n=5)	76,0 (72-80, n=5)	46,0 (44-49, n=5)	13,4 (13-14, n=5)	12,7 (12-13, n=5)	9,2 (8,5-10, n=5)
Microgale nasoloi	127, 130	79,7 (78-81, n=3)	51,7 (50-53, n=3)	12,0 (11-13, n=3)	15,3 (15-16, n=3)	9,8 (7,3-14,0, n=3)

Tableau 8. (suite)

	Longueur totale (mm)	Longueur tête-corps (mm)	Longueur de la queue (mm)	Longueur de la patte (mm)	Longueur de l'oreille (mm)	Poids (g)
Microgale taiva	152,6 (140-168, n=35)	76,6 (70-85, n=35)	75,1 (66-85, n=35)	16,3 (15-18, n=35)	15,6 (14-17, n=35)	10,2 (7,5-14,5, n=35)
Espèces de moyenne taille						
Microgale dryas	187,8 (160-200, n=12)	114,2 (105-122, n=12)	74,8 (66-85, n=12)	18,5 (17-20 n=12)	17,9 (17-20, n=12)	36,1 (30-49, n=12)
Microgale gracilis	171,4 (160-187, n=18)	97,5 (88-106, n=18)	72,3 (60-87, n=18)	18,8 (17-20, n=18)	15,2 (13-18, n=18)	22,3 (18,5-25,5, n=18)
Microgale gymnorhyncha	144,5 (133-152, n=15)	87,1 (80-98, n=15)	55,2 (51-60, n=15)	13,9 (12-17, n=15)	10,9 (10-12, n=15)	16,0 (13,0-18,5, n=15)
Microgale monticola	198,4 (192-202, n=5)	85,8 (81-92, n=5)	109,5 (105-113, n=5)	20,0 (20-21, n=5)	15,7 (15-16, n=5)	15,5 (13,5-17,5, n=5)
Microgale soricoides	183,8 (177-198, n=22)	91,7 (85-101, n=22)	91,3 (84-101, n=22)	16,0 (12-19, n=22)	17,7 (16-20, n=22)	16,8 (12,5-21,5, n=22)
Microgale thomasi	170,3 (146-183, n=31)	100,8 (80-118, n=31)	69,0 (63-77, n=31)	18,3 (15-20, n=31)	17,9 (14-20, n=31)	21,4 (11,5-28, n=31)
Espèces avec une longue queue						
Microgale longicaudata	213,5 (183-227, n=21)	70,8 (63-76, n=21)	143,5 (114-153, n=21)	16,2 (14-19, n=21)	14,4 (13-16, n=21)	7,2 (5,5-9,5, n=21)
Microgale majori	190,2 (175-220, n=12)	67,5 (55-76, n=12)	122,8 (113-148, n=12)	14,9 (13-18, n=12)	13,0 (9-15, n=12)	6,3 (5,3-8,5, n=12)
Microgale principula	230,4 (215-250, n=15)	77,0 (70-86, n=15)	152,3 (137-165, n=15)	18,6 (17-20, n=15)	16,6 (14-20, n=15)	12,0 (9-18, n=15)
Microgale prolixacaudata	202,1 (195-211, n=15)	63,1 (62-66, n=7)	132,7 (14-16, n=15)	15,1 (14-16, n=15)	13,1 (12-14, n=15)	6,4 (5,0-8,0, n=14)
Espèces de grande taille						
Microgale dobsoni	228,3 (212-270, n=15)	114,1 (105-126, n=15)	117,3 103-143, n=15)	21,1 (20-24, n=15)	19,3 (17-21, n=15)	11,4 (30,1-30,9, n=15)
Microgale talazaci	261,2 (235-284, n=18)	124,0 (110-135, n=18)	138,1 (122-150, n=18)	23,1 (21-28, n=18)	18,2 (15-20, n=18)	37,4 (25-45,5, n=18)

Microgale pusilla Major, 1896

Figure 42. Illustration de *Microgale pusilla*. (Dessin par Velizar Simeonovski.)

Description : Longueur tête-corps est de 47 à 56 mm et plus courte par rapport à la queue qui est de 67 à 77 mm (Tableau 8). Pelage dorsal gris mélangé de roux et gris foncé mélangé avec du chamois rouillé dans la partie ventrale (Figure 42). Pattes postérieures marron brunâtre mais la partie latérale est chamois rouillé. Queue gris brun sur la face dorsale et nettement distincte de la face ventrale qui est chamois rouillé.

Espèces similaires : Proche de *Microgale longicaudata*, qui a une queue qui fait au moins le double de la longueur tête-corps, mais chez *M. pusilla*, les mensurations de la première sont légèrement plus grandes que celles de la dernière. Sa petite taille se confond avec celle de *M. parvula* (voir l'espèce précédente).

Distribution : La forêt humide depuis les Hautes Terres centrales comme les forêts d'Ambohitantely et Ankazomivady, le Centre-est comme la région de Mantadia-Zahamena jusqu'au massif d'Andringitra. L'espèce est connue à partir de 530 jusqu'à 1 670 m d'altitude (110).

Habitat : Forêt humide sempervirente intacte ou peu **dégradée**, allant de basse altitude jusqu'à la forêt humide de montagne. Occasionnellement inventoriée près des rizières et dans les zones **marécageuses** à proximité de la forêt.

Conservation : Préoccupation mineure (76).

LES ESPECES DE PETITE A MOYENNE TAILLE

Microgale brevicaudata G. Grandidier, 1899

Figure 43. Illustration de *Microgale brevicaudata*. (Dessin par Velizar Simeonovski.)

Description : Une des caractéristiques les plus remarquables est la queue courte de 30 à 35 mm par rapport à la longueur tête-corps qui mesure de 75 à 87 mm (Tableau 8). Pelage dorsal gris tacheté de brun chamois et ventral gris clair et qui se distingue facilement par la coloration de la partie dorsale (Figure 43). Le poil est court et épais par rapport aux autres espèces de *Microgale*. Pattes postérieures sont gris brun et queue et pattes antérieures uniformément brunes.

Espèces similaires : Voir *Microgale grandidieri*.

Distribution : Cette espèce est connue au Nord dans la forêt de Montagne des Français, Montagne d'Ambre, Analamerana, Daraina (Loky-Manambato), Marojejy, Makira jusqu'à Masoala, au Nord-ouest jusqu'à Tsaratanana et dans la partie Ouest jusqu'au fleuve de Manambolo. Dans la forêt humide sempervirente au niveau de la mer jusqu'à 1 050 m d'altitude et dans la forêt sèche caducifoliée entre 100 et 850 m d'altitude.

Habitat : *Microgale brevicaudata* fréquente différents types de formations végétales comme la forêt humide sempervirente de basse altitude et la forêt sèche caducifoliée ainsi que la forêt de transition entre ces deux types de formation. Dans la forêt dense humide sempervirente, il se trouve souvent sur les versants les plus secs. *Microgale brevicaudata* et *M. grandidieri* existent en stricte **sympatrie** dans les forêts de Beanka (Maintirano) et Kirindy CNFEREF (données Vahatra, 65).

Conservation : Préoccupation mineure (76).

Microgale cowani Thomas, 1882

Figure 44. Illustration de *Microgale cowani*. (Dessin par Velizar Simeonovski.)

Description : Espèce dont la queue mesure de 61 à 80 mm, plus courte ou presque égale à la longueur tête-corps qui varie de 72 à 86 mm (Tableau 8). Pelage brun foncé sur la partie dorsale, plus clair sur les flancs et gris chamois clair sur la partie ventrale (Figure 44). Oreilles relativement longues. Pattes brunes sur la partie dorsale et gris foncé sur la partie ventrale. Queue bicolore, brun foncé dessus et gris clair en dessous, ligne de démarcation bien visible chez les adultes mais au stade **subadulte**, la queue est uniformément brun foncé. Chez les individus très âgés, la coloration du pelage brun foncé est parfois plus claire.

Espèces similaires : *Microgale cowani* se confond habituellement avec *M. taiva* et les deux espèces existent en **sympatrie**. C'est la couleur de la queue qui les distingue facilement. Chez *M. cowani*, elle est bicolore et chez *M. taiva*, la partie ventrale est brun foncé. En outre, ce dernier a un pelage plus sombre que celui de *M. cowani* qui a une tendance à être plus roux. Le museau de *M. taiva* est aussi plus long que celui de *M. cowani*. La première espèce a une queue normalement plus longue que celle de la seconde (Tableau 8). Voir aussi ci-dessous *M. drouhardi*.

Distribution : Sa distribution s'étend depuis le Nord à Tsaratanana, dans le complexe Marojejy et Anjanaharibe-Sud, Manongarivo, Daraina (Loky-Manambato), Masoala et plusieurs endroits dans la partie Centre et Centre-est, y compris les Hautes Terres centrales et sur le versant Est jusqu'à Andohahela (Parcelle 1). Cette espèce est connue entre 530 (Mantadia-Zahamena) et 2 500 m d'altitude (3, 89, 110).

Habitat : *Microgale cowani* fréquente les forêts humides sempervirentes de basse altitude et de montagne relativement intactes et **dégradées**. Dans cette zone, il abonde surtout dans la forêt humide de montagne et il se trouve en faible densité en basse altitude. Cette espèce est parmi les membres de *Microgale* trouvés au-dessous de la limite supérieure de la couverture forestière dans une formation de forêt sclérophylle de montagne. Elle résiste bien au froid avec des températures qui descendent jusqu'à -7°C et parfois avec de la neige (84, 125). Dans les zones de haute altitude, elle est active pendant le jour. Cette espèce n'est pas strictement forestière et se trouve parfois dans les rizières.

Conservation : Préoccupation mineure (76).

Microgale drouhardi G. Grandidier, 1934

Figure 45. Illustration de *Microgale drouhardi*. (Dessin par Velizar Simeonovski.)

Description : Queue varie de 66 à 78 mm et de 65 à 77 mm pour la longueur tête-corps (Tableau 8). Pelage dorsal gris brun avec quelques taches jaunâtres (Figure 45). Une des caractéristiques est la bande mi-dorsale très distincte brun noir qui s'étend de la tête au niveau de l'oreille jusqu'à la partie distale du dos. Pattes postérieures chamoises à la surface dorsale et gris brun foncé sur les parties latérale et ventrale. Queue bicolore brun foncé sur la partie dorsale et chamois sur la partie ventrale.

Espèces similaires : Facilement reconnaissable par la présence de la bande brun noir au milieu du dos. La longueur tête-corps est la même que celle de *Microgale taiva* et *M. cowani*. La longueur de la queue de *M. drouhardi* est similaire à celle de *M. cowani*, les deux étant bicolores, et un peu plus courtes que celle de *M.*

taiva, de couleur largement uniforme. *Microgale melanorrachis* est un **synonyme** de *M. drouhardi*.

Distribution : *Microgale drouhardi* se trouve largement depuis le Nord comme à Montagne d'Ambre, Tsaratanana, Manongarivo, Makira, Daraina (Loky-Manambato) et Marotandrano et la partie Centre-est et Sud-est du versant Est, sur les Hautes Terres centrales comme à Mantadia, Ambatovy, Maromiza et Lakato. Par contre, sa distribution n'est pas continue et il est apparemment absent dans la région d'Ankaratra, Tsinjoarivo, Fandriana-Marolambo et Ankazomivady, mais abonde depuis la région de Ranomafana jusqu'au Midongy-Sud où se limite sa distribution vers le Sud. Il est connu à partir de 530 jusqu'à 2 500 m d'altitude (89, 110).

Habitat : *Microgale drouhardi* fréquente les forêts humides sempervirentes relativement intactes et **dégradées** allant de basse altitude jusqu'à la limite supérieure de la forêt sclérophylle de montagne (89). Il abonde surtout dans la forêt humide de montagne. Cette espèce se trouve dans une formation de transition entre forêt sèche caducifoliée et forêt humide sempervirente (Daraina).

Conservation : Préoccupation mineure (76).

Microgale fotsifotsy Jenkins, Raxworthy & Nussbaum, 1997

Figure 46. Illustration de *Microgale fotsifotsy*. (Dessin par Velizar Simeonovski.)

Description : Queue de 79 à 86 mm plus longue que la longueur tête-corps qui mesure de 69 à 85 mm (Tableau 8). Pelage dorsal clair, en général, brun clair et gris (Figure 46). Pelage ventral gris clair avec du chamois ou roussâtre pâle. Pattes antérieures et postérieures brun clair et qui contrastent souvent avec les couleurs claires des doigts et orteils. Queue plus ou moins bicolore, gris brun dans la partie dorsale et chamois gris dans la partie ventrale. Un des caractères les plus remarquables est la couleur blanche des doigts et orteils des pattes antérieures et postérieures. La partie distale de la queue se termine par des poils blancs.

Espèces similaires : Les **subadultes** de *Microgale fotsifotsy* peuvent être confondus avec *M. soricoides*, mais la queue de *M. soricoides* est plus courte (Tableau 8) et de couleur uniforme. Chez *M. fotsifotsy*, elle est plus longue et terminée par une couleur blanche.

Distribution : *Microgale fotsifotsy* est largement répandue au Nord et Nord-ouest depuis Montagne d'Ambre, Makira, Daraina (Loky-Manambato), Tsaratanana et Manongarivo, le Centre, le Centre-est, le Centre sud-est, sur les Hautes Terres centrales et sur le versant Est jusqu'à Andohahela (Parcelle 1). Il est connu entre 600 et 2 500 m d'altitude (89, 109).

Habitat : *Microgale fotsifotsy* vit dans les forêts humides sempervirentes entre les formations de basse altitude jusqu'à la limite supérieure de la forêt sclérophylle de montagne (89). Il est connu également dans une formation de transition entre forêt sèche caducifoliée et humide sempervirente (Daraina).

Conservation : Préoccupation mineure (76).

Microgale grandidieri Olson, Rakotomalala, Hildebrandt, Lanier, Raxworthy & Goodman, 2009

Figure 47. Illustration de *Microgale grandidieri*. (Dessin par Velizar Simeonovski.)

Description : Queue nettement courte de 44 à 58 mm par rapport à la longueur tête-corps qui est de 72 à 85 mm (Tableau 8). Pelage dorsal court et épais par rapport aux autres espèces de *Microgale*, marron tacheté de brun chamois (Figure 47). Pelage ventral brun grisâtre clair qui se distingue facilement de la coloration de la partie dorsale et une ligne de démarcation bien visible les sépare. Oreilles assez courtes. Queue et pattes uniformément marron.

Espèces similaires : *Microgale grandidieri* est facile à confondre avec *M. brevicaudata*, mais le pelage dorsal de *M. grandidieri* est plus doux que celui de *M. brevicaudata*. Chez les adultes de ce dernier, le ventre est gris clair mélangé avec du marron surtout sur la partie du cou tandis que chez *M. grandidieri*, la face dorsale est uniformément brun grisâtre clair.

Distribution : Depuis le massif de Namoroka en passant par les massifs de Beanka (Maintirano) et Bemaraha jusqu'à la rivière d'Onilahy (65, 100). Il est connu entre 50 et 430 m d'altitude.

Habitat : *Microgale grandidieri* fréquente la forêt sèche caducifoliée, surtout sur les zones **karstique** et la forêt **galerie** du fleuve d'Onilahy.

Conservation : Non évaluée par l'UICN (76).

Microgale jenkinsae Goodman & Soarimalala, 2004

Figure 48. Illustration de *Microgale jenkinsae*. (Dessin par Velizar Simeonovski.)

Description : Queue de 79 à 81 mm par rapport à la longueur tête-corps de 59 à 62 mm (Tableau 8). Poils généralement plus courts par rapport à ceux de la plupart des espèces de ce genre. Pelage dorsal au niveau des oreilles jusqu'à la base de la queue (y compris les flancs), gris foncé avec un aspect brunâtre (Figure 48). Pelage ventral gris clair, tout à fait contrasté au dos et une ligne de démarcation bien visible. Oreilles particulièrement longues pour un *Microgale* de sa taille. Pattes antérieures et postérieures grises avec un aspect marron. Queue bicolore, marron noirâtre dessus et marron tanné en dessous.

Espèces similaires : *Microgale jenkinsae* est proche de *M. longicaudata*, mais facilement discernable par sa queue plus courte (Table 8). Ensuite, la couleur de son pelage sur les parties dorsale et ventrale est plutôt grisâtre. Basé sur la couleur du pelage, *M. jenkinsae* pourrait se confondre avec *M. nasoloi* mais cette dernière a une taille plus grande (Tableau 8).

Distribution : Espèce très localisée au Sud-ouest dans la forêt de Mikea à l'Ouest d'Ankililoaka. Elle est connue grâce à deux spécimens récoltés à 80 m d'altitude.

Habitat : Fréquente une zone de transition entre la forêt sèche caducifoliée et le bush épineux, faiblement **dégradée**, sur sol sableux avec un **sous-bois** dense composé principalement par des *Xerophyta* et des Euphorbiaceae succulentes.

Conservation : En danger (76).

Microgale jobihely Goodman, Raxworthy, Maminirina & Olson, 2006

Figure 49. Illustration de *Microgale jobihely*. (Dessin par Velizar Simeonovski.)

Description : Queue plus courte de 44 à 49 mm que la longueur tête-corps qui mesure de 72 à 80 mm (Tableau 8). Pelage dorsal mélangé de noir et brun-roux, et ventral ayant une texture plus fine de couleur brun clair et gris-brun

(Figure 49). La distinction de la couleur de ces deux parties est bien marquée avec une ligne bien délimitée. Queue brun foncé à la surface dorsale et plus claire sur la partie ventrale. Pattes antérieures et postérieures brun foncé. Griffes relativement longues.

Espèces similaires : *Microgale jobihely* est proche de *M. cowani* mais les deux espèces se distinguent par leurs mensurations externes, particulièrement celle de la queue (Tableau 8). *Microgale jobihely* a un museau plus étroit et plus long par rapport au *M. cowani*. Ensuite, le pelage de *M. cowani* est généralement plus clair.

Distribution : *Microgale jobihely* a été remarqué dans deux régions de Madagascar, au Nord-ouest dans le massif de Tsaratanana et sur les Hautes Terres centrales dans la région d'Ambatovy (132). Il est connu entre 1 000 et 1 680 m d'altitude.

Habitat : Forêt humide de montagne.

Conservation : En danger (76).

Microgale nasoloi Jenkins & Goodman, 1999

Figure 50. Illustration de *Microgale nasoloi*. (Dessin par Velizar Simeonovski.)

Description : Queue plus courte de 50 à 62 mm que la longueur tête-corps qui mesure de 70 à 81 mm (Tableau 8). Pelage gris sur la partie dorsale passant graduellement au gris foncé du côté ventral (Figure 50). Yeux modérément grands. Queue légèrement gris foncé sur la partie dorsale et la coloration vire progressivement au gris sur la partie ventrale. Pattes terminées par des doigts et orteils de couleur gris clair.

Espèces similaires : *Microgale nasoloi* est proche de *M. cowani* mais il est facilement reconnaissable par sa couleur grise et certaines mensurations externes (Tableau 8). Voir aussi *M. jenkinsae*.

Distribution : *Microgale nasoloi* a une distribution restreinte dans les forêts de Lambokely, Kirindy CNFEREF de la région de Menabe et plus au sud à Vohibasia et Analavelona (130). Il est connu entre 80 et 1 300 m d'altitude.

Habitat : *Microgale nasoloi* existe dans deux types de formation végétale telle que la forêt sèche caducifoliée (Menabe) et l'habitat de transition entre la forêt sèche caducifoliée et la forêt humide sempervirente (Vohibasia et Analavelona).

Conservation : Vulnérable (76).

Microgale taiva Major, 1896

Figure 51. Illustration de *Microgale taiva*. (Dessin par Velizar Simeonovski.)

Description : Queue de 66 à 85 mm, assez longue et généralement supérieure à la longueur tête-corps qui mesure de 70 à 85 mm (Tableau 8). Pelage dorsal brun noirâtre tacheté de brun chamois ; partie ventrale brun et chamois clair (Figure 51). Oreilles relativement longues. Pattes brun foncé jusqu'à l'extrémité des doigts et orteils. Queue brun foncé et légèrement bicolore, mais quelquefois la partie dorsale est un peu plus claire par rapport à la partie ventrale. Poils recouvrant la queue courts et écailles nettement visibles sur la partie dorsale.

Espèces similaires : Voir *Microgale cowani*.

Distribution : Large distribution, présent dans les formations de forêt humide au Nord comme Tsaratanana, dans le complexe Marojejy et Anjanaharibe-Sud et Masoala, dans les parties Centre, Centre-est et Sud-est sur le versant Est et sur les Hautes Terres centrales jusqu'à Andohahela (Parcelle 1), au Sud. Il est connu entre 530 et 2 500 m d'altitude (89).

Habitat : *Microgale taiva* fréquente les forêts humides de basse altitude et de montagne relativement intactes et même **dégradées**. Il se trouve aussi dans la forêt sclérophylle de montagne (89). Cette espèce est plus commune surtout en moyenne altitude.

Conservation : Préoccupation mineure (76).

LES ESPECES DE MOYENNE TAILLE

Microgale dryas Jenkins, 1992

Figure 52. Illustration de *Microgale dryas*. (Dessin par Velizar Simeonovski.)

Description : Queue plus courte de 66 à 85 mm que la longueur tête-corps mesurant de 105 à 122 mm (Tableau 8). Pelage dorsal brun grisâtre avec un aspect roussâtre foncé (Figure 52). Pelage ventral gris qui se mélange progressivement avec celui du dorsal. Museau assez long et développé avec des stries sur la région antérieure nue. Queue uniformément gris sombre. Pattes postérieures gris brun dorsalement et qui deviennent plus claires sur la surface ventrale, et pattes antérieures gris brun sur les surfaces dorsale et ventrale. Griffes des pattes postérieures allongées.

Espèces similaires : *Microgale dryas* a une taille intermédiaire entre *M. thomasi* et *M. gracilis* et plus grande que *M. dobsoni* (Tableau 8). *Microgale dryas* peut être confondu avec *M. gracilis* mais les deux espèces sont faciles à distinguer par la présence de stries réticulées sur le museau de cette dernière (Figure 53) et particulièrement par les différences entre leurs mensurations externes (Tableau 8).

Histoire naturelle : Grâce à ses pattes qui se terminent par de longues griffes, *Microgale dryas* a un mode de vie **fouisseur**.

Distribution : Rarement répertorié, avec des **populations** très localisées dans partie Nord-est, spécifiquement à Anjanaharibe-Sud et à Makira (109) et le Centre-est dans la forêt d'Ambatovaky. Il est connu entre 540 et 1 260 m d'altitude.

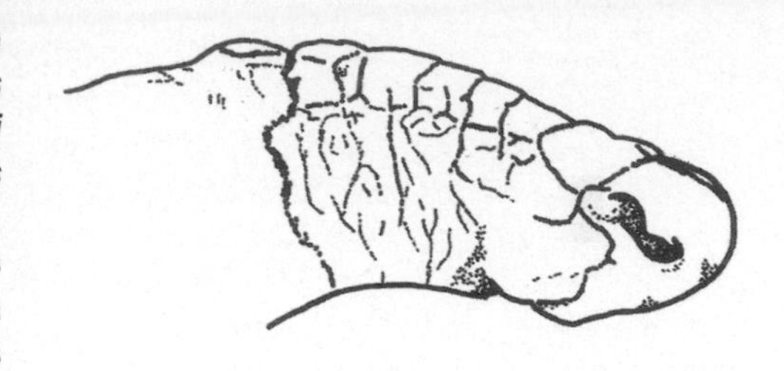

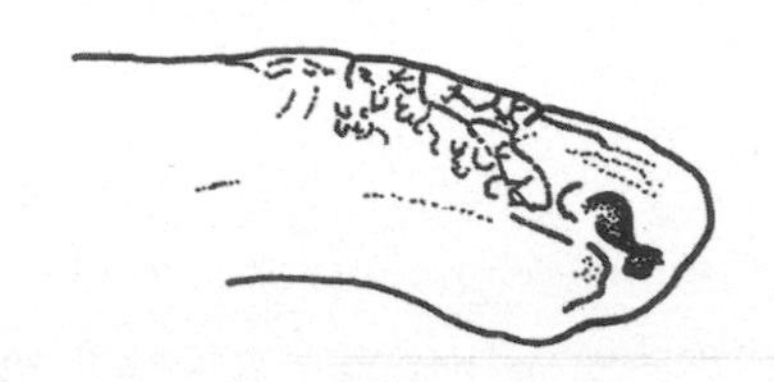

Figure 53. Le museau de *Microgale gymnorhyncha* (au-dessus) et celui de *M. gracilis* (en dessous) ont des modèles distinctement différents vis-à-vis de la gravure à l'eau-forte qui est un bon caractère pour distinguer les deux espèces. (D'après 80.)

Habitat : Forêts humides sempervirentes de basse altitude et de montagne.

Conservation : Vulnérable (76).

Microgale gracilis (Major, 1896)

Description : Queue plus courte ou quasiment égale de 60 à 87 mm que la longueur tête-corps qui mesure de 88 à 106 mm (Tableau 8). Pelage dorsal brun foncé tacheté de chamois et ventral gris clair tacheté de chamois (Figure 54). Yeux et oreilles très petits. Museau très long et grand dont la partie distale présente des stries réticulées qui deviennent incomplètes dans la région postérieure (Figure 53). Queue gris foncé sur la partie dorsale et gris clair sur celle de la face ventrale. Pattes postérieures se terminant par de longues griffes.

Espèces similaires : Voir *Microgale gymnorhyncha*.

Histoire naturelle : Grâce à ses pattes antérieures qui se terminent par de longues griffes, *Microgale gracilis* a un mode de vie **fouisseur**.

Distribution : *Microgale gracilis* se rencontre au Nord dans le complexe Marojejy et Anjanaharibe-Sud, sur les Hautes Terres centrales et sur le

Figure 54. Illustration de *Microgale gracilis*. (Dessin par Velizar Simeonovski.)

versant Est jusqu'au Sud à Andohahela (Parcelle 1). Il est connu entre 800 et 2 000 m d'altitude.

Habitat : Forêt humide sempervirente relativement intacte à partir de la limite supérieure de la forêt de basse altitude jusqu'à la forêt humide de montagne. Ensuite, cette espèce est connue dans la forêt sclérophylle de montagne.

Conservation : Préoccupation mineure (76).

Microgale gymnorhyncha Jenkins, Goodman & Raxworthy, 1996

Description : Queue plus courte de 51 à 60 mm que la longueur tête-corps qui mesure de 80 à 98 mm (Tableau 8). Pelage dorsal gris brun et ventral gris clair (Figure 55). Poils un peu plus courts par rapport à ceux des autres espèces de *Microgale*. Museau très long et développé avec trois stries transversales sur la région antérieure nue (Figure 53). Oreilles et yeux petits, parfois cachés par le pelage. Base de la queue enveloppée par des muscles et un stock de réserves de graisse. Pattes très sombres, noir ardoise sur la partie dorsale et assez claires sur la partie ventrale. Pattes postérieures courtes et développées munies de longues griffes.

Espèces similaires : *Microgale gymnorhyncha* et *M. gracilis* sont faciles à distinguer par les stries sur leur museau qui sont transversales chez *M. gymnorhyncha* et réticulées chez *M. gracilis* (Figure 53). *Microgale gracilis* a aussi une taille plus grande que celle de *M. gymnorhyncha* (Tableau 8)

Figure 55. Illustration de *Microgale gymnorhyncha*. (Dessin par Velizar Simeonovski.)

Histoire naturelle : Animal **fouisseur**. Dans plusieurs sites, *Microgale gymnorhyncha* et *M. gracilis* existent en **sympatrie** et ils utilisent probablement la même **niche écologique**.

Distribution : Large distribution, au Nord à partir de Tsaratanana, dans le complexe de Marojejy et Anjanaharibe-Sud, sur les Hautes Terres centrales et sur le versant Est jusqu'à Andohahela (Parcelle 1), au Sud. Il est connu entre 800 et 2 500 m d'altitude (89).

Habitat : Forêt humide sempervirente relativement intacte à partir de la limite supérieure de la forêt de basse altitude jusqu'à la forêt humide de montagne et dans la forêt sclérophylle de montagne (89).

Conservation : Préoccupation mineure (76).

Microgale monticola Goodman & Jenkins, 1998

Description : Queue de 105 à 113 mm plus longue par rapport à la longueur tête-corps qui mesure de 81 à 92 mm (Tableau 8). Pelage dorsal brun foncé et légèrement grisonnant ; partie ventrale brun foncé avec un aspect gris argenté et chamois (Figure 56). Oreilles développées. Queue brun foncé sur la partie dorsale, brun clair sur la face ventrale et souvent terminée par un bout de couleur blanche. Pattes brun noirâtre. Pattes antérieures avec de longues griffes.

Espèces similaires : Morphologiquement, *Microgale monticola* est proche de *M. thomasi* mais les deux espèces sont facilement reconnaissables par les différences entre les leurs mesures externes (Tableau 8). *Microgale thomasi* et *M. monticola* ne semblent pas vivre en **sympatrie**.

Figure 56. Illustration de *Microgale monticola*. (Dessin par Velizar Simeonovski.)

Distribution : Rarement répertorié, distribution localisée dans la partie septentrionale, spécifiquement dans le complexe Marojejy et Anjanaharibe-Sud. Cette espèce est connue entre 1 550 et 1 950 m d'altitude.

Habitat : *Microgale monticola* existe dans la forêt humide sempervirente de montagne.

Conservation : Vulnérable (76).

Microgale soricoides Jenkins, 1993

Description : Apparence très robuste. Queue de 84 à 101 mm est presque égale ou plus longue que la longueur tête-corps qui est de 85 à 101 mm (Tableau 8). Pelage dorsal clair, en général, brun clair et gris avec un accent subtil de roux (Figure 57). Pelage ventral chamois et quelquefois avec un aspect roussâtre. Chez certains individus, le pelage devient occasionnellement plus roux. Oreilles développées. Queue nettement bicolore, gris brun sur la partie dorsale et plus clair sur la partie ventrale. Parfois l'extrémité de la queue est terminée par des poils de couleur blanche. Pattes postérieures et antérieures chamoises sur la surface dorsale et deviennent plus claires, gris brun sur la partie ventrale. Pattes terminées par des doigts et orteils de couleur plus claire.

Espèces similaires : *Microgale soricoides* est facilement reconnaissable parmi les autres membres du genre *Microgale* par son pelage clair et ses grandes et longues incisives. Sa taille est particulièrement plus grande que celles de *M. taiva* et de *M. cowani* (Tableau 8). Les poils du

Figure 57. Illustration de *Microgale soricoides*. (Dessin par Velizar Simeonovski.)

pelage dorsal de *M. soricoides* sont les plus longs que ceux des autres espèces du genre *Microgale*.

Histoire naturelle : Cette espèce est largement **terrestre** mais elle pourrait avoir des **mœurs arboricoles** du fait qu'elle est capable de grimper sur les troncs d'arbre. Elle se nourrit certainement d'insectes (**insectivore**) et chasse probablement des petits vertébrés terrestres (**carnivore**).

Distribution : Largement répandue dans les forêts humides, au Nord-ouest et au Nord, à Tsaratanana, Manongarivo, Marojejy et Anjanaharibe-Sud, Daraina (Loky-Manambato) et sur les Hautes Terres centrales et sur le versant Est jusqu'au Sud à Andohahela (Parcelle 1). Il est connu entre 810 et 2 500 m d'altitude (89, 110).

Habitat : Forêt humide sempervirente de montagne et forêt sclérophylle de montagne (89).

Conservation : Préoccupation mineure (76).

Microgale thomasi Major, 1896

Description : Une espèce assez grande avec une queue plus courte de 63 à 77 mm par rapport à la longueur tête-corps qui est de 80 à 118 mm (Tableau 8). Pelage assez épais par rapport à celui des autres espèces du genre *Microgale*. Pelage dorsal tacheté de brun roux foncé qui est plus clair dans la partie ventrale (Figure 58). Oreilles notablement courtes par rapport à sa taille. Museau relativement long, parfois terminé avec un nez d'une

Figure 58. Illustration de *Microgale thomasi*. (Dessin par Velizar Simeonovski.)

forme arrondie souvent de couleur rose. Queue bicolore, brun foncé sur la partie dorsale et chamois sur la partie ventrale. Pattes brunes noirâtres aussi bien sur la partie dorsale que sur la partie ventrale. Griffes assez longues.

Espèce similaire : Morphologiquement, il est possible de confondre *Microgale thomasi*, avec *M. cowani* surtout au stade **subadulte**. Une des caractéristiques qui différencie ces espèces est la forme du museau qui est plus long avec le bout de couleur rose chez *M. thomasi* par rapport à *M. cowani* qui a un museau en forme de triangle. Ainsi chez *M. thomasi*, la queue est plus courte par rapport à la tête-corps (Tableau 8).

Distribution : Dans la partie Nord, la répartition de *Microgale thomasi* est limitée à Tsaratanana, mais il est largement distribué à partir de la région Centre-nord, à Marotandrano et sur les Hautes Terres centrales et sur le versant Est aux altitudes supérieures jusqu'à Andohahela (Parcelle 1). Il est connu entre 800 et 2 000 m d'altitude (89).

Habitat : Forêt humide sempervirente, spécifiquement à partir de la limite supérieure de la forêt de basse altitude jusqu'à la forêt humide de montagne.

Conservation : Préoccupation mineure (76).

LES ESPECES AVEC UNE LONGUE QUEUE

Microgale longicaudata Thomas, 1882

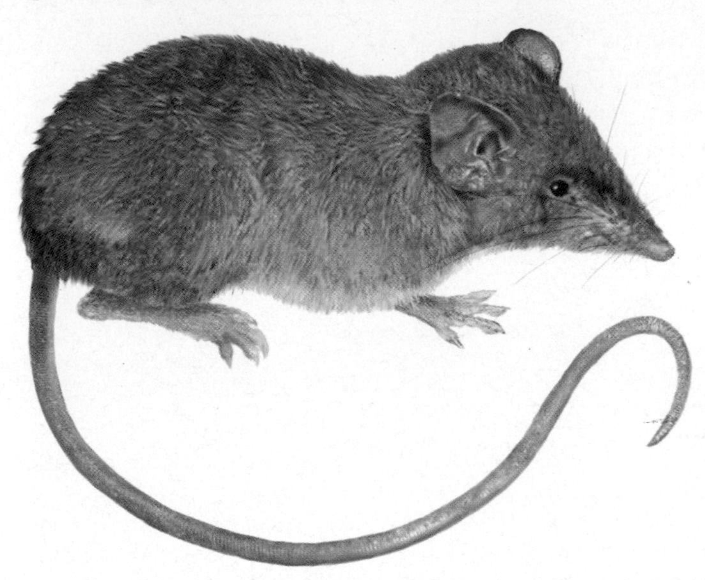

Figure 59. Illustration de *Microgale longicaudata*. (Dessin par Velizar Simeonovski.)

Description : Queue de 114 à 153 mm, double de la longueur tête-corps qui est de 63 à 76 mm (Tableau 8). Pelage dorsal brun foncé avec du brun rouille tandis que la partie ventrale est gris foncé toujours mélangé avec du chamois rouille (Figure 59). Oreilles particulièrement longues. Queue gris brun sur la face dorsale qui se distingue nettement de la face ventrale qui est chamois rouille. Pattes postérieures brunes mais chamois rouille sur les parties latérales.

Espèces similaires : Voir *Microgale principula*.

Histoire naturelle : Les dernières vertèbres caudales sont modifiées pour former une queue **préhensile** qui permet à ces animaux d'avoir des **mœurs arboricoles** en utilisant cette queue comme un cinquième membre.

Distribution : *Microgale longicaudata* a une large distribution. Il est connu dans la forêt humide depuis le Nord-ouest, le Nord, comme Tsaratanana, le complexe Marojejy et Anjanaharibe-Sud, sur les Hautes Terres centrales et le sur versant Est, jusqu'au sud à Andohahela (Parcelle 1). Dans certains sites (Montagne d'Ambre, Marojejy et Anjanaharibe-Sud), il est **sympatrique** avec *M. prolixacaudata* et dans d'autres (Anjozorobe, Ambohitantely, Ankaratra et Ankazomivady) avec *M. majori* (99). Un individu identifié comme *M. longicaudata* a été collecté dans la forêt de Kirindy CNFEREF, région de Menabe central (71). Dans la forêt humide, il est connu entre 530 et 2 500 m d'altitude (89).

Habitat : *Microgale longicaudata* fréquente les forêts humides sempervirentes relativement intactes, spécifiquement dans la forêt de basse altitude jusqu'à la limite supérieure de la forêt humide de montagne. Il abonde dans la forêt humide de montagne à partir de 1 000 m d'altitude mais il se trouve parfois dans la basse altitude et dans la forêt sclérophylle de montagne (89).

Conservation : Préoccupation mineure (76).

Autres commentaires : Suite à des études **génétiques** approfondies portant sur ce **taxon** (99), il représentait plus d'une espèce et il est par conséquent vraisemblable qu'il puisse s'agir de *M. majori* et *M. prolixacaudata*. Par conséquent, la **taxonomie** de certaines **populations** identifiées comme *M. longicaudata* reste donc à préciser après des études **morphologique** et génétique.

Microgale majori Thomas, 1918

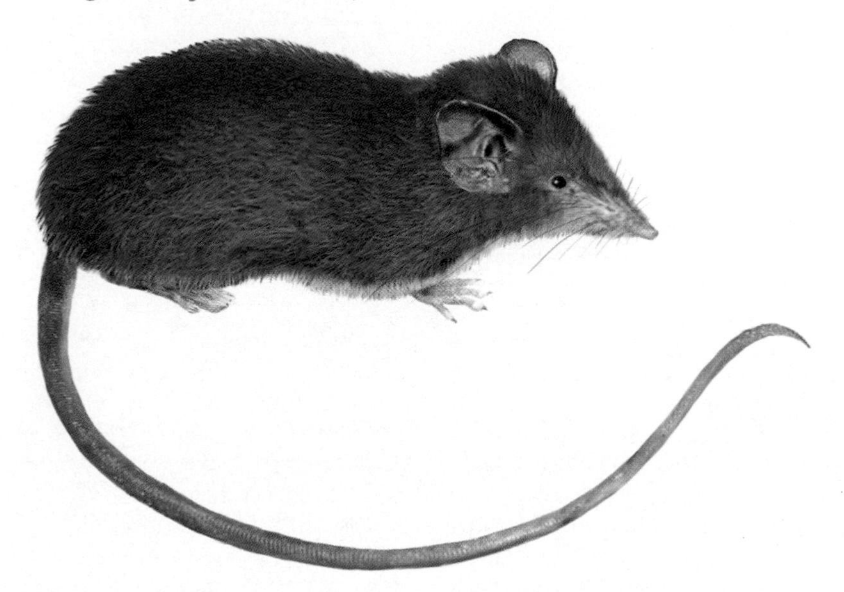

Figure 60. Illustration de *Microgale majori*. (Dessin par Velizar Simeonovski.)

Description : Queue mesure de 113 à 148 mm, plus du double de la longueur tête-corps qui varie de 55 à 76 mm (Tableau 8). Pelage dorsal brun foncé avec une dominance de brun rouille tandis que la partie ventrale gris foncé est toujours mélangé avec du chamois rouille (Figure 60). Oreilles particulièrement longues. Queue gris brun sur la face dorsale et nettement distincte de la face ventrale qui est chamois rouille. Pattes postérieures brunes mais chamois rouille sur la partie latérale.

Espèces similaires : L'aspect brun rouille du pelage dorsal de *Microgale majori* est généralement plus foncé que celui de *M. longicaudata*. *Microgale majori* ressemble à *M. longicaudata* mais avec une taille plus petite et certaines différences au niveau des mesures externes (Tableau 8) et **cranio-dentaires** (99).

Histoire naturelle : Les dernières vertèbres caudales sont modifiées pour former une queue **préhensile** qui permet à ces animaux d'avoir des **mœurs arboricoles** en utilisant cette queue comme un cinquième membre.

Distribution : La distribution de *Microgale majori* est vaste et s'étend depuis le Nord-ouest, notablement à Manongarivo, sur les Hautes Terres centrales et sur le versant Est, jusqu'à l'extrême Sud à Andohahela (Parcelle 1). Il est aussi connu du massif d'Analavelona dans le Sud-ouest (99). Cette espèce existe entre 800 et 2 500 m d'altitude (89).

Habitat : *Microgale majori* fréquente les forêts humides sempervirentes intactes ou relativement intactes, spécifiquement à partir de la forêt de basse altitude jusqu'à la forêt humide de montagne. Il se trouve également dans la forêt sclérophylle de montagne. Il abonde surtout à partir de 1 000 m d'altitude. Une **population** apparemment isolée a été trouvée dans la zone sommitale du massif d'Analavelona où la formation végétale est particulière, à savoir une transition entre la forêt sèche caducifoliée et la forêt humide sempervirente.

Conservation : Préoccupation mineure (76).

Microgale principula Thomas, 1926

Description : Queue mesurant de 137 à 165 mm, plus du double de la longueur tête-corps qui varie de 70 à 86 mm (Tableau 8). C'est l'espèce de *Microgale* qui a la plus grande taille parmi celles possédant une longue queue (Figure 61). Pelage habituellement roux aussi bien sur la partie dorsale que sur la face ventrale. Oreilles particulièrement longues. Queue gris brun sur la face dorsale et nettement distincte de la face ventrale chamois rouille. Pattes antérieures et postérieures brunes mais les parties latérales sont chamois rouille.

Espèces similaires : *Microgale principula*, *M. longicaudata*, *M. majori* et *M. prolixacaudata* sont facilement confondues et ils existent en **sympatrie** stricte dans plusieurs sites (99). Au stade adulte, ils sont faciles à distinguer car *M. principula* a la taille la plus grande (Tableau 8) avec un pelage plus roux. *Microgale longicaudata* est plus petit que *M. principula* et la couleur du pelage dorsal est dominée par du brun foncé et parfois brun rouille sur la partie du cou. *Microgale majori* a une taille plus petite que celle de *M. longicaudata* avec la partie dorsale de

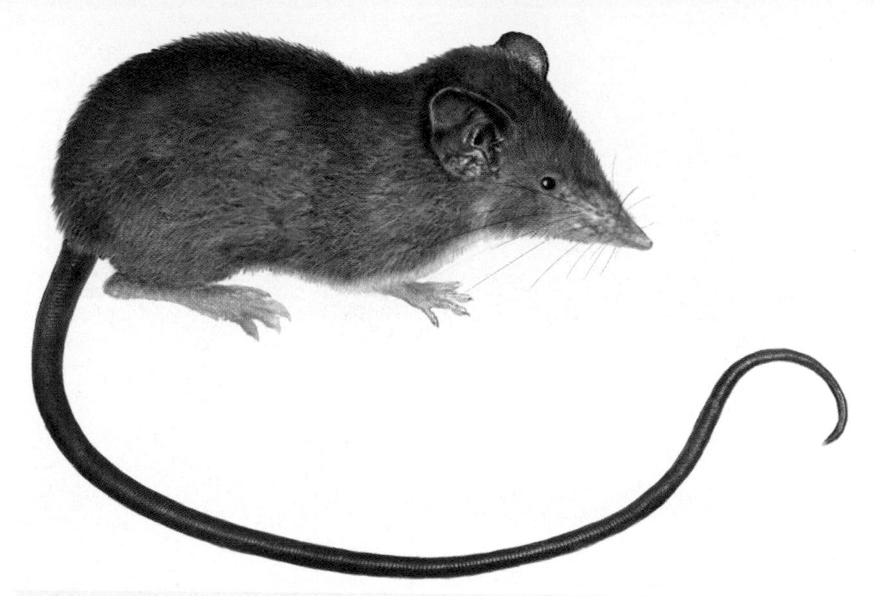

Figure 61. Illustration de *Microgale principula*. (Dessin par Velizar Simeonovski.)

couleur brun rouille. La queue de *M. longicaudata* est plus longue que celle de *M. majori*.

Histoire naturelle : Les dernières vertèbres caudales sont modifiées pour former une queue **préhensile** qui permet à ces animaux d'avoir des **mœurs arboricoles** en utilisant cette queue comme un cinquième membre.

Distribution : La distribution de *Microgale principula* s'étend de la forêt humide sempervirente au Nord, depuis le complexe Marojejy et Anjanaharibe-Sud, sur les Hautes Terres centrales et sur le versant Est, jusqu'au Sud à Andohahela (Parcelle 1). Il est connu entre 500 et 1 875 m d'altitude.

Habitat : Forêt humide sempervirente, spécifiquement la forêt de basse altitude jusqu'à la forêt humide de montagne. Apparemment, cette espèce est plus commune surtout dans la forêt de basse altitude.

Conservation : Préoccupation mineure (76).

Microgale prolixacaudata G. Grandidier, 1937

Description : Queue varie de 126 à 143 mm, considérablement plus longue que la longueur tête-corps qui mesure de 62 à 66 mm (Tableau 8). Pelage dorsal brun foncé mélangé avec du brun rouille tandis que la partie ventrale gris foncé est toujours mélangée avec du chamois rouille (Figure 62). Oreilles développées. Queue gris brun sur la face dorsale

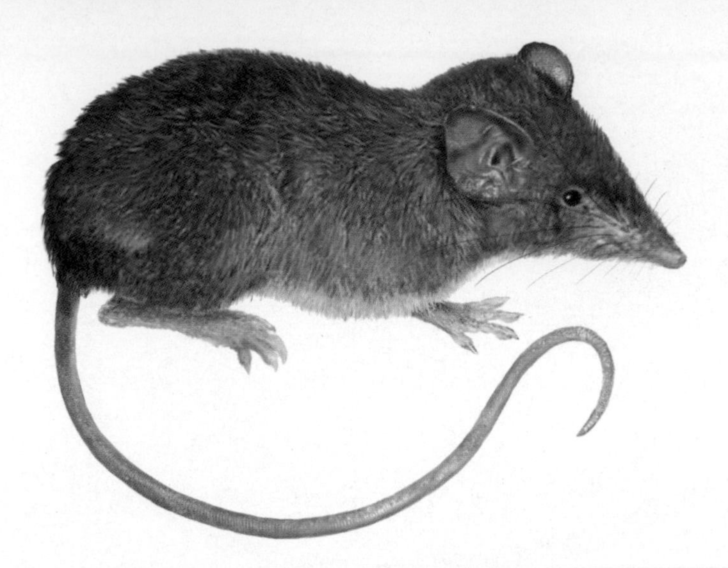

Figure 62. Illustration de *Microgale prolixacaudata*. (Dessin par Velizar Simeonovski.)

qui se distingue nettement de la face ventrale qui est chamois rouille. Pattes postérieures brunes mais chamois rouille sur les parties latérales.

Espèces similaires : *Microgale prolixacaudata* ressemble au *M. longicaudata* mais il est avec une queue plus courte (voir *M. principula*).

Distribution : Sa distribution est limitée au Nord dans la forêt humide de Montagne d'Ambre, de Manongarivo, du complexe Marojejy et Anjanaharibe-Sud. Il est connu entre 650 et 1 350 m d'altitude.

Habitat : *Microgale prolixacaudata* fréquentant les forêts humides sempervirentes de basse altitude et de montagne.

Conservation : Préoccupation mineure (76).

LES ESPECES DE GRANDE TAILLE

Microgale dobsoni Thomas, 1884

Description : Queue de 105 à 126 mm qui est égale ou plus longue que la longueur tête-corps mesurant 103 à 143 mm (Tableau 8). Pelage dorsal tacheté de gris mélangé de chamois ou rouge chamois clair et partie ventrale gris et chamois clair (Figure 63). La couleur rouge chamois domine sur la partie du cou mais elle n'est pas toujours très évidente chez certains individus. Oreilles particulièrement longues. Queue bicolore, grise sur la

Figure 63. Illustration de *Microgale dobsoni*. (Dessin par Velizar Simeonovski.)

partie dorsale et chamois sur la partie ventrale. La base de la queue stocke souvent des réserves de graisse. Pattes antérieures et postérieures chamois et se terminent parfois par des doigts et orteils de couleur blanche.

Espèces similaires : *Microgale dobsoni* se confond souvent avec *M. talazaci* surtout au stade **subadulte** mais ils se différencient bien par la longueur du museau et de la queue qui sont plus courts chez *M. dobsoni*. Au stade adulte, *M. dobsoni* et *M. talazaci* se distinguent par leur taille surtout la longueur de la queue qui est plus courte chez *M. dobsoni* (Tableau 8). Les deux espèces vivent souvent en **sympatrie**.

Histoire naturelle : *Microgale dobsoni* est souvent le membre de ce genre le plus commun dans les habitats **dégradés**. C'est une espèce ayant un comportement agressif et il attaque les membres des autres espèces de *Microgale* et il lui arrive parfois de dévorer le corps d'un **congénère** (**carnivore**). Trois à quatre paires de mamelles et le nombre de petits est au maximum de six par portée. La **gestation** de *M. dobsoni* est approximativement de 58 à 64 jours (32). Les femelles construisent un nid pour les petits et il est formé par des feuilles mortes, des herbes sèches et des brindilles.

Distribution : Large distribution dans les forêts humides de l'extrémité Nord-ouest et Nord depuis Montagne d'Ambre, Tsaratanana et Manongarivo, sur les Hautes Terres centrales et sur le versant Est jusque dans l'extrême Sud à Andohahela (Parcelle 1). Il est connu à partir du niveau de la mer jusqu'à 2 500 m d'altitude (3, 89).

Habitat : *Microgale dobsoni* s'adapte à tous les types d'habitat dans les forêts humides sempervirentes, de basse altitude, de montagne, jusqu'à la formation sclérophylle de montagne. Cette espèce n'est pas très sensible à la **perturbation** et à la **dégradation** forestière et reste toujours plus abondante que les autres espèces qui peuvent même être absentes. Elle est parmi les espèces rarement trouvées dans la zone sommitale d'Andringitra caractérisée par la formation sclérophylle de montage entre 2 000 et 2 050 m où elle résiste bien au froid avec les températures qui descendent jusqu'à -7°C et parfois avec de la neige (84, 125).

Conservation : Préoccupation mineure (76).

Microgale talazaci Major, 1896

Figure 64. Illustration de *Microgale talazaci*. (Dessin par Velizar Simeonovski.)

Description : *Microgale talazaci* a la taille la plus grande parmi les membres du genre *Microgale*. Queue plus longue de 122 à 155 mm que la longueur tête-corps qui mesure de 110 à 135 mm (Tableau 8). Pelage dorsal brun foncé et ventral gris tacheté chamois clair (Figure 64). Queue bicolore grise sur la partie dorsale et chamois sur la partie ventrale. Pattes antérieures et postérieures chamois et les extrémités sont quelques fois de couleur blanche.

Espèces similaires : Voir *Microgale dobsoni*.

Historie naturelle : Cette espèce a une distribution assez éparse et est quelques fois relativement commune dans un bloc de forêt, et souvent absente ou difficile à répertorier dans les autres blocs. D'après ses dents et son comportement, c'est certainement une espèce qui mange de petits vertébrés (**carnivore**). Trois à quatre paires de mamelles et le nombre de petits est au maximum de cinq par portée. La **gestation** de *Microgale talazaci* est approximativement de 60 à 63 jours (32). Les femelles construisent un nid pour les petits et il est formé par des feuilles mortes, des herbes sèches et des brindilles.

Distribution : Large distribution, présente au Nord depuis Montagne d'Ambre, Manongarivo, Tsaratanana, le complexe Marojejy et Anjanaharibe-Sud, le Nord-est Daraina (Loky-Manambato), Makira, Masoala, sur les Hautes Terres centrales et sur le versant Est, jusqu'au Sud à Andohahela (Parcelle 1). Il est connu à partir du niveau de la mer jusqu'à 1 990 m d'altitude (3).

Habitat : Forêt humide sempervirente relativement intacte. *Microgale talazaci* abonde surtout en moyenne altitude aux alentours de 1 200 m et rarement trouvé en haute altitude. Il est bien adapté aux zones forestières perturbées.

Conservation : Préoccupation mineure (76).

ORDRE DE SORICOMORPHA

FAMILLE DES SORICIDAE

SOUS-FAMILLE DES SORICINAE

La sous-famille est représentée par un genre et deux espèces, *Suncus murinus* et *S. etruscus* [ex *madagascariensis*], qui ont été certainement **introduits** à Madagascar (101, voir p. 23). Ces deux espèces sont **terrestres**. Elles ont notamment un nez long et légèrement pointu, pelage soyeux et gris clair avec une grande partie de la queue presque nue avec des poils clairsemés et particulièrement longs. Elles ressemblent superficiellement aux membres du genre **endémique** *Microgale*, mais leurs similarités sont le résultat d'une **évolution convergente** (voir p. 31).

Tableau 9. Différentes mensurations externes des adultes de la sous-famille des Soricinae. Les chiffres présentent les moyennes des mensurations (minimales - maximales et le nombre [n]) des échantillons mesurés (données Vahatra).

Espèce	Longueur totale (mm)	Longueur tête-corps (mm)	Longueur de la queue (mm)	Longueur de la patte (mm)	Longueur de l'oreille (mm)	Poids (g)
Suncus etruscus	79,4 (72-86, n=17)	49,8 (45-60, n=17)	30,2 (23-38, n=17)	7,2 (6-8, n=17)	6,2 (5-9, n=17)	1,7 (1,4-2,2, n=17)
Suncus murinus	185,6 (162-201, n=19)	108,7 (96-121, n=17)	65,4 (59-74, n=19)	17,9 (16-20, n=19)	13,1 (10-16, n=18)	29,3 (17,0-45,5, n=19)

Suncus etruscus (Savi, 1822)

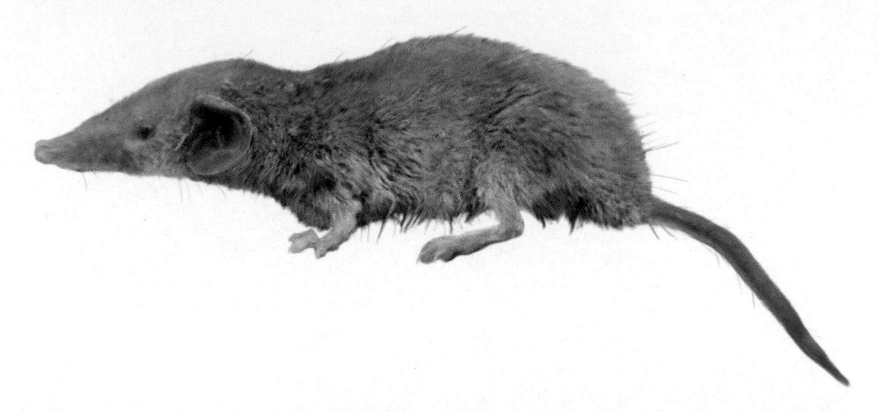

Figure 65. Illustration de *Suncus etruscus*. (Dessin par Velizar Simeonovski.)

Description : C'est le plus petit mammifère de l'île avec une queue plus courte de 23 à 38 mm par rapport à la longueur tête-corps qui est de 45 à 60 mm (Tableau 9). Au stade adulte, cette espèce pèse entre 2 et 3 g. Pelage soyeux et court dont la partie dorsale est uniformément grise et devient plus claire sur la surface ventrale (Figure 65). Museau relativement long, parfois terminé avec un nez de forme arrondie avec un bout de couleur noire. Yeux petits. Oreilles assez longues, munies de replis. Queue mince, grise dessus et en dessous et portant de longs poils épars. Pattes gris foncé et presque nues.

Espèces similaires : *Suncus etruscus* a une forme similaire à *S. murinus*, mais facilement reconnaissable grâce à sa petite taille (Tableau 9). Ensuite, il se distingue des autres espèces de *Microgale* de petite taille par la couleur de son pelage.

Histoire naturelle : Cette espèce a une odeur assez forte. Mamelles au nombre de trois paires et le nombre de petits est au maximum de cinq par portée.

Distribution : Large distribution et fréquente surtout l'Ouest et les Hautes Terres centrales. Il se trouve également à Marotandrano et à Ambatovy. Il est connu entre 10 et 250 m d'altitude dans l'Ouest et à partir de 950 jusqu'à 1 200 m d'altitude dans l'Est. Cette espèce a été **introduite** à Madagascar (voir p. 23).

Habitat : *Suncus etruscus* est abondant dans la forêt sèche caducifoliée et le bush épineux. Il se trouve rarement dans les forêts humides sempervirentes de basse altitude et la partie inférieure de la forêt de montagne.

Suncus murinus (Linné, 1766)

Nom malgache : *voalavonarabo, voalavo fotsy*

Figure 66. Illustration de *Suncus murinus*. (Dessin par Velizar Simeonovski.)

Description : Taille moyenne, queue plus courte de 23 à 38 mm par rapport à la longueur tête-corps qui est de 45 à 60 mm (Tableau 9). Pelage soyeux et court dont la partie dorsale gris légèrement brunâtre est souvent tachetée de blanc et celle de la face ventrale gris foncé avec un aspect noirâtre (Figure 66). Museau relativement long, parfois terminé avec un nez de forme arrondie avec un bout de couleur noire. Yeux petits. Queue gris clair et portant de longs poils épars, les poils de la queue sont fins et elle stocke souvent une réserve de graisse. Pattes grises et relativement petites.

Espèces similaires : Voir *Suncus etruscus*.

Histoire naturelle : *Suncus murinus* possède une paire de glandes sur les flancs et peut dégager une odeur repoussante, particulièrement les mâles reproducteurs. Mamelles au nombre de trois paires et le nombre de petits est au maximum de quatre par portée.

Distribution : Large distribution presque partout à Madagascar dans la formation forestière et dans des contextes **synanthropiques**. Il est connu depuis le niveau de la mer jusqu'aux environs de 1 500 m d'altitude (42).

Habitat : *Suncus murinus* est **synanthropique** et il vit en milieux rural et urbain ; il est particulièrement abondant dans les maisons, les greniers et les entrepôts. Cette espèce peut vivre également dans des habitats de forêts humides sempervirentes de basse altitude et de montagne.

Ordre de Rodentia

Famille des Nesomyidae

Sous-famille des Nesomyinae

Cette sous-famille est représentée par neuf genres et 27 espèces, toutes sont **endémiques** à Madagascar. A l'exception des genres *Hypogeomys*, *Gymnuromys* et *Voalavo*, tous les membres de cette sous-famille ont des poils sur la queue, souvent très développés, qui les séparent des Muridae, rongeurs **introduits** (voir prochaine famille). Les membres de cette sous-famille représentent différentes sortes de rongeurs, souvent avec un mode de locomotion et une histoire de vie variés et ils montrent un exemple extraordinaire de **radiation adaptative** (voir p. 32).

La sous-famille malgache des Nesomyinae est composée des mammifères de petite à grande taille. Leur **morphologie** externe est très diversifiée avec des différences notables de forme du corps et des pattes ainsi que de longueur de la queue, qui est dans la plupart des cas, couverte de poils. La texture et la couleur du pelage varient suivant les genres et les espèces. La longueur du corps de ces rongeurs varie également de 30 mm à 35 cm et leur poids de 20 à 1 000 g (Tableaux 10, 11). En général, différents caractères morphologiques peuvent être utilisés pour distinguer la plupart des espèces, mais comme chez plusieurs espèces de mammifère, les aspects les plus caractéristiques sont surtout le crâne et les dents.

Les rongeurs se servent de leurs pattes antérieures pour saisir leur nourriture. Leur **régime alimentaire** est principalement constitué par des fruits (**frugivores**), des graines (**granivores**) et des feuilles (**folivores**). Certaines espèces stockent des graines dans les trous d'arbres et les **terriers** (Figure 67). Les fruits de grande taille sont consommés sur place. Les feuilles sont rongées et sont souvent trouvées dans les nids et terriers.

Figure 67. Plusieurs espèces de rongeurs de la sous-famille des Nesomyinae utilisent des **terriers** comme un lieu de refuge et pour stocker des réserves alimentaires. Ces terriers sont plus communs et évidents dans la forêt de montagne. Cette photo a été prise dans la forêt de Lakato aux alentours de 1 000 m d'altitude. (Cliché par Voahangy Soarimalala.)

Plusieurs espèces nouvelles appartenant à cette sous-famille et des genres *Monticolomys* et *Voalavo*, ont été décrits au cours des dernières décennies. Le plus notable à cet égard est le genre *Eliurus*, pour lequel six espèces parmi les 12 reconnues ont été décrites depuis 1994. A l'exception de *Brachyuromys betsileoensis* rencontré souvent dans les **marais** ou les **marécages**, la majorité des espèces de rongeurs malgaches sont forestières. Les membres de cette sous-famille abondent dans la forêt humide, ils sont inconnus dans la savane **anthropogénique** et souvent absents dans les forêts **dégradées**. Certains genres ont largement ou exclusivement des **mœurs arboricoles**, d'autres sont strictement **terrestres**, et d'autres encore sont apparemment à l'aise pour les deux à la fois. Certaines espèces grimpent avec agilité et leur longue queue et leurs pattes larges leur permettent de se maintenir en équilibre. Dans la plupart des cas, peu d'informations détaillées sont disponibles sur l'histoire naturelle des membres de cette sous-famille.

Il est alors très délicat de prendre des mesures de protection des espèces de rongeurs car les riverains pensent toujours qu'elles provoquent des dégâts non négligeables, qui est certainement le cas pour les rongeurs introduits (voir prochaine famille Muridae), mais les rongeurs endémiques ne colonisent pas les villages ou les champs de culture. Ces derniers sont forestiers et ils sont sensibles à la dégradation de leurs habitats naturels. Certaines espèces sont absentes dans des forêts dégradées. Si ces rongeurs prennent part au fonctionnement des écosystèmes forestiers en servant de **proies** pour les serpents, les oiseaux et les **carnivores**, ils participent également à la **dispersion** des graines par le transport de certains fruits dans leurs terriers.

Pour faciliter la distinction entre les espèces de rongeurs **endémiques**, nous les avons divisés en différents groupes :

1) l'espèce terrestre de grande taille – *Hypogeomys antimena*.
2) les espèces arboricoles de grande taille – *Brachytarsomys* spp.
3) les espèces terrestres de taille moyenne avec une queue assez courte – *Brachyuromys* spp. et *Nesomys* spp.
4) l'espèce terrestre de taille moyenne avec une queue nue – *Gymnuromys roberti*.
5) les espèces largement terrestres de petite à moyenne taille avec une queue longue terminée par une touffe de poils – *Macrotarsomys* spp.
6) les espèces largement terrestres de petite à moyenne taille – *Monticolomys koopmani* et *Voalavo* spp.
7) les espèces largement arboricoles, de petite à moyenne taille ayant une longue queue avec une touffe de poils dans la partie distale – *Eliurus* spp., qui sont aussi subdivisés suivant leur taille (voir p. 132).

Tableau 10. Différentes mensurations externes chez les adultes de non-*Eliurus* spp. de la sous-famille des Nesomyinae. Les chiffres présentent les moyennes des mensurations (minimales – maximales et le nombre [n]) des échantillons mesurés. S'il n'y a que un ou deux spécimens par espèce, ces chiffres ne sont pas présentés (données Vahatra, 19, 20, 40, 44, 46).

	Longueur totale (mm)	Longueur tête-corps (mm)	Longueur de la queue (mm)	Longueur de la patte (mm)	Longueur de l'oreille (mm)	Poids (g)
Espèce terrestre de grande taille						
Hypogeomys antimena	--	300,4 (17)	220,6 (19)	70,3 (18)	60,1 (19)	1000,1 (19)
Espèces arboricoles de grande taille						
Brachytarsomys albicauda	457,3 (440-475, n=4)	229 (223-235, n=4)	232,5 (220-245, n=4)	35,2 (33-38, n=4)	19,3 (18-20, n=4)	253,8 (235-280, n=4)
Brachytarsomys villosa	512, 536	228, 245	260, 272	40, 41	23, 22	236, 350
Espèces terrestres de taille moyenne avec une queue assez courte						
Brachyuromys betsileoensis	251,2 (230-276, n=13)	157,5 (140-184, n=13)	87,2 (77-95, n=13)	28,3 (27-30, n=13)	21,7 (20-25, n=13)	114,5 (96-140, n=13)
Brachyuromys ramirohitra	252,0 (222-282, n=3)	155,0 (140-165, n=3)	95,3 (84-110, n=3)	32,3 (30-34, n=3)	22,7 (21-24, n=3)	90,5 (64-117, n=3)
Nesomys audeberti	375,7 (371-385, n=3)	197,7 (195-203, n=3)	170,7 (169-173, n=3)	51,0 (50-52, n=3)	27,3 (26-28, n=3)	219,0 (193-239, n=3)
Nesomys lambertoni	383, 391	189, 195	183, 191	50, 51	31, 30	243, 225
Nesomys rufus	359,6 (345-382, n=13)	189,1 (170-200, n=13)	170,0 (160-180, n=13)	43,8 (41-45, n=13)	26,1 (24-28, n=13)	161,6 (135-185, n=13)
Espèce terrestre de taille moyenne et avec une queue nue						
Gymnuromys roberti	338,6 (314-368, n=9)	163,9 (156-172, n=9)	172,9 (149-199, n=9)	36,3 (35-37, n=9)	20,2 (19-21, n=9)	118,3 (98-128, n=9)
Espèces largement terrestres de petite à moyenne taille avec une longue queue terminée par une touffe de poils						
Macrotarsomys bastardi	230,8 (217-248, n=4)	96,7 (89-103, n=4)	134,0 (120-145, n=4)	25,3 (25-26, n=4)	22,3 (18-26, n=4)	23,4 (20-26, n=4)
Macrotarsomys ingens	319,2 (331-395, n=5)	126,3 (112-150, n=9)	202,4 (183-240, n=8)	33,1 (31-36, n=8)	24,4 (21-26, n=8)	56,5 (42-74, n=6)
Macrotarsomys petteri	390	160	238	37	32	105
Espèces largement terrestres de petite taille						
Monticolomys koopmani	236,3 (234-240, n=3)	98,0 (94-101, n=3)	138,0 (134-143, n=3)	24,3 (24-25, n=3)	18,3 (18-19, n=3)	26,1 (25-27, n=3)

Tableau 10. (suite)

	Longueur totale (mm)	Longueur tête-corps (mm)	Longueur de la queue (mm)	Longueur de la patte (mm)	Longueur de l'oreille (mm)	Poids (g)
Voalavo gymnocaudus	211,2 (200-219, n=5)	84,6 (80-90, n=5)	120,6 (113-126, n=5)	18,8 (17-20, n=5)	15,0 (15-15, n=5)	22,2 (17-25,5, n=5)
Voalavo antsahabensis	210,8 (198-228, n=23)	93,2 (85-100, n=23)	116,4 (102-132, n=23)	18,0 (16-19, n=23)	15,1 (11-16, n=23)	21,5 (19-26, n=23)

ESPECE TERRESTRE DE GRANDE TAILLE

Hypogeomys antimena A. Grandidier, 1869

Nom malgache : *vositse*, *votsotsa*

Figure 68. Illustration d'*Hypogeomys antimena*. (Dessin par Velizar Simeonovski.)

Description : *Hypogeomys antimena* est la plus grande espèce de rongeur à Madagascar. Longueur tête-corps mesurant en moyenne 300 mm, plus longue par rapport à celle de la queue qui est de 220 mm et les adultes pèsent plus de 1 kg (Tableau 10). Pelage dorsal assez rigide avec une coloration qui varie du gris brun au brun rougeâtre et plus foncé aux alentours de la tête (Figure 68). Ces couleurs deviennent brun clair sur la surface ventrale. Chez les **subadultes**, le pelage est distinctivement plus gris (Figure 10). Oreilles longues et pointues mesurant jusqu'à 60 mm. Queue écailleuse, largement nue, brun foncé ou noire. Pattes antérieures beaucoup moins développées par rapport aux postérieures.

Espèce similaire : *Hypogeomys antimena* a l'allure de celle d'un rat noir (*Rattus rattus*) mais avec une taille nettement plus grande (Tableaux 10, 12), comparable à un grand lapin.

Histoire naturelle : *Hypogeomys antimena* est largement **nocturne**. Il se nourrit de fruits tombés, de feuilles, de jeunes pousses et de tubercules. Cet animal vit en couple dans un **terrier** creusé jusqu'à 1 m de profondeur, muni de nombreuses ouvertures. *Hypogeomys* est **monogame** et sa **reproduction** est saisonnière. Mamelles au nombre de deux paires. Durée de **gestation** approximativement 130 jours. La femelle donne naissance à deux petits à la fin de la saison sèche. Le mode de locomotion est **sauteur** d'où son nom de « rat sauteur ». Cette espèce émet des cris variés. Les plus sonores sont des sortes de « brou-brou-brououou » et « kouitsch-kouitsch » répétés plusieurs fois (voir p. 26 pour plus de détails).

Distribution : Restreinte dans la région de Menabe central entre la rivière de Tomitsy au Sud et le fleuve de Tsiribihina au Nord (135). Il est connu entre 60 et 100 m d'altitude.

Habitat : *Hypogeomys* fréquente la forêt sèche caducifoliée peu perturbée sur substrat sableux.

Conservation : En danger (76). Aujourd'hui cette espèce représente une **population** de petite taille (voir p. 28). *Hypogeomys antimena* n'est pas prisé comme **gibier** mais la chasse des *Tenrec ecaudatus* à l'aide de chiens dans les forêts doit avoir un effet néfaste sur la population de ce rongeur, surtout sur les jeunes et les **subadultes**. Les chasseurs restent dans la forêt pendant trois ou quatre jours et il est certain que les chiens chassent des **proies** pour survivre, y compris *Hypogeomys* car les chasseurs ne les nourrissent pas. En outre, le **Carnivora** *Cryptoprocta ferox* mange des jeunes *Hypogeomys* et peu de subadultes arrivent à l'âge reproductif.

ESPECES ARBORICOLES DE GRANDE TAILLE

Brachytarsomys albicauda Günther, 1875

Nom malgache : *antsangy*

Description : Taille grande avec une longueur tête-corps de 223 à 235 mm plus court que la queue de 220 à 245 mm (Tableau 10). Museau court, pelage doux et dense à texture laineuse et bouffante (Figure 69). Pelage dorsal brun grisâtre qui devient plus roux sur les flancs et la tête. Pelage ventral et pattes blanc cassé. Oreilles petites et courtes. Queue **préhensile** avec des poils épars et sa couleur est noire à la base et blanche à 8 à 10 cm de son bout. Pattes, doigts et orteils courts. Chez quelques individus, la couleur rousse sur les flancs se prolonge sur la partie dorsale ce qui donne un aspect roux à l'animal.

Espèces similaires : *Brachytarsomys albicauda* se confond avec *B. villosa* mais ce dernier a une taille un peu plus

Figure 69. Illustration de *Brachytarsomys albicauda*. (Dessin par Velizar Simeonovski.)

grande (Tableau 10) avec une couleur gris foncé sur le dos et gris mélangé de crème sur les flancs et la face ventrale. Les poils de la queue sont plus longs chez *B. villosa*. En plus, aucun endroit n'est connu où les deux espèces sont **sympatriques**. Pendant la nuit ces deux *Brachytarsomys* pourraient être confondus avec les espèces de lémuriens nocturnes de taille moyenne.

Histoire naturelle : *Brachytarsomys albicauda* est un animal **nocturne** et strictement **arboricole**. Son **régime alimentaire** se compose principalement de fruits (**frugivores**). Cette espèce est connue sur le versant oriental du massif d'Anjanaharibe-Sud et *B. villosa* sur le versant occidental (58). Mamelles au nombre de quatre paires. Le nombre de petits est au maximum de six par portée.

Distribution : *Brachytarsomys albicauda* fréquente les forêts humides depuis le Nord à Anjanaharibe-Sud (versant est), sur les Hautes Terres centrales et sur le versant Est jusqu'au Sud à Andohahela (Parcelle 1). Il est connu entre 450 et 1 875 m d'altitude.

Habitat : Forêts humides sempervirentes de basse altitude et de montagne.

Conservation : Préoccupation mineure (76).

Brachytarsomys villosa Petter, 1962

Nom malgache : *antsangy*

Figure 70. Illustration de *Brachytarsomys villosa*. (Dessin par Velizar Simeonovski.)

Description : Grande taille avec longueur tête-corps de 228 à 245 mm et queue de 260 à 272 mm (Tableau 10). Museau court. Pelage dorsal gris qui devient gris clair avec une tendance blanc crème sur les flancs et la partie ventrale, et pattes blanc cassé (Figure 70). Oreilles petites et courtes. Queue **préhensile** avec des poils assez longs et denses de couleurs noire à la base et blanche de 8 à 10 mm de son bout. Pattes, doigts et orteils courts.

Espèces similaires : Voir *Brachytarsomys albicauda*.

Histoire naturelle : *Brachytarsomys villosa* est un animal **nocturne** et strictement **arboricole**. Son **régime alimentaire** se compose probablement de fruits et de feuilles.

Distribution : Cette espèce est connue seulement dans la forêt de Tsaratanana et d'Anjanaharibe-Sud (versant Ouest). Elle est connue entre 1 200 et 2 050 m d'altitude (89).

Habitat : Forêt humide sempervirente de montagne.

Conservation : En danger (76).

ESPECES TERRESTRES DE TAILLE MOYENNE AVEC UNE QUEUE ASSEZ COURTE

Brachyuromys betsileoensis (Bartlett, 1880)

Nom malgache : *voalavondrano*

Figure 71. Illustration de *Brachyuromys betsileoensis*. (Dessin par Velizar Simeonovski.)

Description : Queue courte de 77 à 95 mm et longueur tête-corps légèrement supérieure de 140 à 184 mm (Tableau 10). Museau court. Pelage doux et dense, assez court, brun grisâtre avec une tendance plus roux sur la face dorsale virant au gris beige sur la face ventrale (Figure 71). Oreilles courtes et velues surtout aux extrémités mais la partie inférieure est presque dépourvue de pilosité. Queue noire dessus et plus clair en dessous. Poils de la queue gris métallisé qui donne une tendance claire à première vue. Pattes courtes et relativement larges.

Espèces similaires : *Brachyuromys betsileoensis* se distingue de son **congénere** *B. ramirohitra* généralement par sa taille plus petite (Tableau 10). Pelage plus court et plus clair et n'a pas les tons roux comme chez *B. ramirohitra*. *Brachyuromys betsileoensis* peut se confondre avec *Nesomys rufus* ou *N. audeberti* mais ce dernier a un museau plus long avec un pelage plus roux.

Histoire naturelle : *Brachyuromys betsileoensis* est actif durant le jour et la nuit. Habitant dans les zones **marécageuses**, cette espèce est connue pour nager en eau peu profonde et en eau libre. Mamelles au nombre de trois paires et le nombre de petits est au maximum de deux par portée.

Distribution : *Brachyuromys betsileoensis* est connu dans différentes localités très éloignées les unes des autres. Cette espèce se trouve au Nord, dans la forêt d'Anjanaharibe-Sud, sur les Hautes Terres centrales et la limite du versant Est depuis la région du lac Alaotra, Mantadia, Andringitra, jusqu'à Andohahela (Parcelle 1) (23, 43, 117). Elle est connue entre 900 et 2 450 m d'altitude.

Habitat : Forêts humides sempervirentes de basse altitude (limite supérieure), de montagne et sclérophylle. Ensuite, il est connu dans les zones **marécageuses** et les rizières abandonnées à proximité de la forêt. *Brachyuromys betsileoensis* est parmi les espèces de petits mammifères du massif d'Andringitra caractérisé par la forêt sclérophylle de montagne et les zones marécageuses où il résiste bien au froid avec des températures qui descendent jusqu'à -7ºC et parfois avec de la neige (84, 125).

Conservation : Préoccupation mineure (76).

Brachyuromys ramirohitra Major, 1896

Figure 72. Illustration de *Brachyuromys ramirohitra*. (Dessin par Velizar Simeonovski.)

Description : Caractérisé par sa courte queue de 84 à 110 mm avec une longueur tête-corps de 140 à 165 mm (Tableau 10). Museau court. Pelage dorsal brun, mélangé avec des poils noirs épars et un pelage ventral similaire au dorsal (Figure 72). Oreilles courtes et velues surtout aux extrémités mais la partie inférieure est presque dépourvue de pilosité. Queue noire dessus et plus claire en dessous. Poils de la queue très courts, gris métallisé. Pattes courtes et relativement larges.

Espèces similaire : Voir *Brachyuromys betsileoensis*.

Histoire naturelle : Mamelles au nombre de trois paires, et le nombre de petits est au maximum de deux par portée.

Distribution : *Brachyuromys ramirohitra* se trouve sur les Hautes Terres centrales et sur le versant Est depuis la région de Fandriana-Marolambo jusqu'au massif d'Andringitra (43). Cette espèce est connue entre 900 et 2 000 m d'altitude.

Habitat : Forêts humides sempervirentes de basse altitude (limite supérieure) et de montagne.

Conservation : Préoccupation mineure (76).

Nesomys audeberti (Jentink, 1879)

Nom malgache : *tsangiala*, *voalavomena*

Figure 73. Illustration de *Nesomys audeberti*. (Dessin par Velizar Simeonovski.)

Description : Grande taille avec longueur tête-corps de 195 à 203 mm qui est plus longue ou approximativement égale à celle de la queue qui est de 169 à 173 mm (Tableau 10). Pelage dorsal brun roussâtre, souvent mélangé avec des poils noirs surtout au milieu du dos et devient de plus en plus roux vers les flancs, la partie ventrale est totalement rousse ou blanche. Quelques fois, le ventre est roux et la gorge est blanche (Figure 73). Museau allongé. Oreilles moyennement longues. Queue faiblement velue à la base avec des poils noirs assez courts et raides, ensuite ils deviennent plus nombreux et parfois uniformément blancs à l'extrémité. Pattes, doigts et orteils longs, brun foncé.

Espèces similaires : Voir *Nesomys rufus*.

Histoire naturelle : *Nesomys audeberti* a des **mœurs terrestre**, **diurne** et souvent **crépusculaire**. Peu de détails sont connus sur le **régime alimentaire** de cette espèce, mais elle consomme des graines. Le **domaine vital** de *N. audeberti* est d'environ 1,5 ha, presque trois fois plus grand que celui de *N. rufus* et pendant une journée, un individu peut parcourir une distance de 500 m (122). *Nesomys audeberti* vit dans un **terrier** muni de tunnels et trous habituellement sous des racines d'arbres soulevées. La saison de **reproduction** coïncide avec la fin de la saison sèche, entre septembre et novembre. Mamelles au nombre de trois paires et le nombre de petits est au maximum de deux par portée.

Distribution : Largement répandue dans les forêts humides depuis la forêt de Masoala et de Makira au Nord (3, 109), la région de Ranomafana jusqu'à la région de Bemangidy au nord de Tolagnaro (23). Cette espèce est plus commune au Nord. D'après les informations de nos inventaires, *N. audeberti* est plus rare par rapport à *N. rufus* en dehors des forêts de basse altitude. Les deux espèces vivent en **sympatrie** entre 900 et 1 000 m à Ranomafana (123). *Nesomys audeberti* est connu depuis le niveau de la mer jusqu'à 1 000 m d'altitude.

Habitat : Forêts humides sempervirentes de basse altitude et de montagne.

Conservation : Préoccupation mineure (76).

Nesomys lambertoni G. Grandidier, 1928

Nom malgache : *kibojenjy*

Description : Espèce de grande taille, longueur tête-corps de 383 à 391 mm qui est plus longue que la queue qui mesure de 183 à 191 mm (Tableau 10). Pelage dorsal généralement brun roussâtre foncé, mélangé avec des poils noirs surtout au milieu du dos et devient de plus en plus roux vers les flancs, la partie ventrale est brun clair (Figure 74). Museau allongé. Oreilles longues. Queue entièrement recouverte de poils longs et épais, brun foncé. Pattes brun foncé ayant une tendance à être noires.

Espèces similaires : *Nesomys lambertoni* se distingue facilement de *N. rufus* et *N. audeberti* par sa queue entièrement couverte par des poils sombres et sa plus grande taille (Tableau 10).

Histoire naturelle : *Nesomys lambertoni* a des **mœurs terrestre**, **diurne** et souvent **crépusculaire** (44). Cette espèce consomme des graines et des noix. Elle vit dans les petites grottes et abris sous roche dans les zones calcaires. Mamelles au nombre de trois paires et basé sur des

Figure 74. Illustration de *Nesomys lambertoni*. (Dessin par Velizar Simeonovski.)

informations limitées, la femelle peut mettre bas à un seul petit.

Distribution : *Nesomys lambertoni* a une distribution restreinte depuis la région de Maintirano jusqu'au plateau de Bemaraha. La limite Sud est apparemment la rivière Manambolo (44). Il est connu aux environs de 100 m d'altitude.

Habitat : Forêt sèche caducifoliée dans la zone **karstique** (*tsingy*).

Conservation : En danger (76).

Nesomys rufus Peters, 1870

Nom malgache : *voalavomena*, *tsangiala*, *kotolahy*

Description : Grande taille avec une longueur tête-corps de 170 à 200 mm, plus longue ou approximativement égale à celle de la queue mesurant de 160 à 180 mm (Tableau 10). Pelage dorsal brun roussâtre, souvent mélangé avec des poils noirs surtout au milieu du dos et devient de plus en plus roux vers les flancs (Figure 75). Pelage ventral allant du roux uniforme à blanc uniforme et parfois la partie ventrale est rousse et la gorge est blanche. Oreilles moyennement longues. Queue faiblement velue à la base avec des poils noirs assez courts et raides. Les poils de la queue sont noirs à la base surtout à la surface dorsale et roux sur la face ventrale,

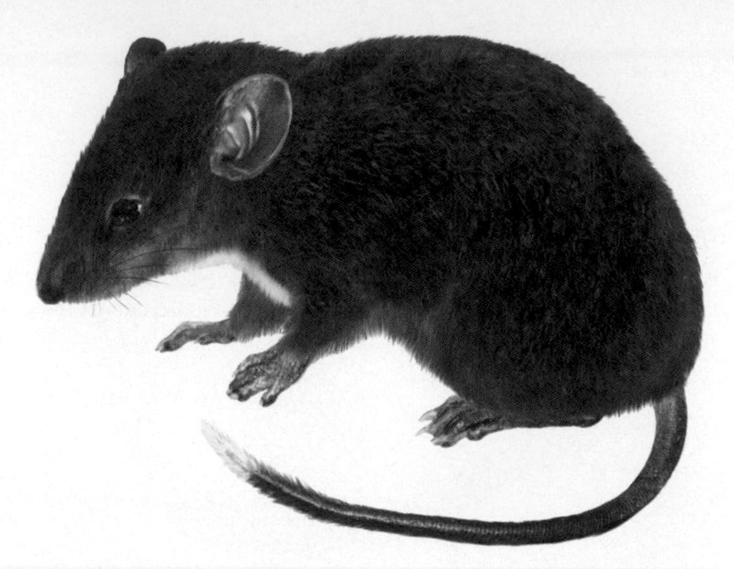

Figure 75. Illustration de *Nesomys rufus*. (Dessin par Velizar Simeonovski.)

ils deviennent plus nombreux et sont parfois uniformément blancs à l'extrémité mesurant de 8 à 20 mm. Pattes, doigts et orteils longs, brun foncé.

Espèces similaires : *Nesomys rufus* pourrait être confondu avec *N. audeberti* mais ces espèces se différencient par leur taille qui est plus grande chez la dernière espèce (Tableau 10). Le caractère le plus distinctif est la longueur des pattes postérieures qui varient entre 45 et 50 mm pour *N. rufus* contre 52 et 57 mm chez *N. audeberti* (122). De plus, *N. audeberti* fréquente toujours la forêt humide de basse altitude qui ne dépasse pas 1 000 m.

Histoire naturelle : *Nesomys rufus* a des **mœurs terrestre, diurne** et souvent **crépusculaire**. Il consomme des graines de plusieurs genres, y compris *Cryptocarya* (*tavolo*), *Canarium* (*ramy*) et *Sloanea* (*vanaka*) (40, 47). Dans certains endroits, comme la forêt de Ranomafana (Ifanadiana), *N. rufus* et *N. audeberti* vivent en **sympatrie** dans la zone située entre 900 et 1 000 m (123, 131). Le **domaine vital** de *N. rufus* est d'environ 0,5 ha. *Nesomys rufus* vit dans un **terrier** muni de tunnels et trous souvent sous des racines d'arbres soulevées. La saison de **reproduction** est entre mi-octobre et fin décembre. Mamelles au nombre de trois paires et le nombre de petits est au maximum de quatre par portée.

Distribution : *Nesomys rufus* est largement répandu dans les forêts humides depuis le Nord dans les forêts de Tsaratanana et de Manongarivo, sur les Hautes Terres centrales et sur le versant Est jusqu'à Andohahela

(Parcelle 1) dans le Sud. Il est connu entre 700 et 2 300 m d'altitude (23).

Habitat : *Nesomys rufus* abonde dans les forêts humides sempervirentes de basse altitude et de montagne jusque dans la zone de transition entre cette dernière et la forêt sclérophylle, mais il est particulièrement rare à partir de 1 990 m.

Conservation : Préoccupation mineure (76).

Espece terrestre de taille moyenne avec une queue nue

Gymnuromys roberti Major, 1896

Figure 76. Illustration de *Gymnuromys roberti*. (Dessin par Velizar Simeonovski.)

Description : Longueur tête-corps est de 156 à 172 mm et légèrement plus longue que la queue qui mesure entre 149 et 200 mm (Tableau 10). Pelage assez dense et court avec la partie dorsale gris tacheté de blanc et qui devient gris clair à blanc crème vers la surface ventrale (Figure 76). Poils assez raides et grossiers rendant le pelage assez rigide. Oreilles rondes et très saillantes. Queue semblant nue à la base et largement bicolore gris foncé dessus et gris clair ou blanc en dessous, mais un tiers à un quart de la partie distale de la queue a une couleur blanche et couverte de poils très courts et épars. Pattes postérieures développées.

Espèces similaires : *Gymnuromys roberti* est facilement reconnaissable par sa queue bicolore sans poil facilement discernable. La couleur gris blanchâtre du pelage dorsal se confond avec celui des jeunes *Rattus rattus* ou *Eliurus majori*, mais les autres caractères morphologiques externes, comme la queue et les mensurations les distinguent de ces genres.

Histoire naturelle : Strictement **nocturne** et **terrestre**. *Gymnuromys roberti* consomme des graines de *Canarium* (*ramy*) en rongeant un petit trou sur la partie centrale de la noix pour en extraire la graine (47). Mamelles au nombre de trois paires et le nombre de petits est au maximum de trois par portée.

Distribution : *Gymnuromys roberti* est largement répandu dans le Nord à partir du complexe Marojejy et Anjanaharibe-Sud, ensuite sur les Hautes Terres centrales et sur le versant Est jusqu'à Andohahela (Parcelle 1). Il est connu entre 500 et 1 625 m d'altitude.

Habitat : Forêt humide sempervirente de montagne.

Conservation : Préoccupation mineure (76).

ESPECES LARGEMENT TERRESTRES DE PETITE A MOYENNE TAILLE AVEC UNE LONGUE QUEUE TERMINEE PAR UNE TOUFFE DE POILS

Macrotarsomys bastardi Milne Edwards & G. Grandidier, 1898

Nom malgache : *kelobotra*, *kelibotra*

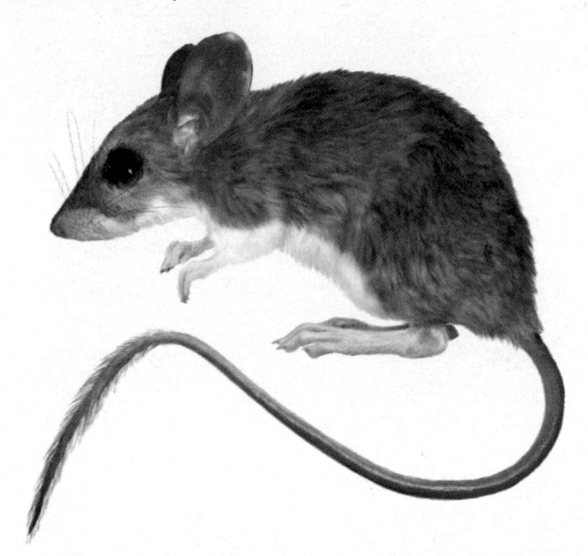

Figure 77. Illustration de *Macrotarsomys bastardi*. (Dessin par Velizar Simeonovski.)

Description : Longueur tête-corps de 84 à 101 mm qui est nettement plus courte que celle de la queue mesurant de 119 à 144 mm (Tableau 10). Pelage dorsal doux, fin, gris brun et qui à tendance à être jaunâtre. Sur chaque flanc, une ligne de démarcation bien nette sépare la partie dorsale de la partie ventrale qui est uniformément blanche à partir le menton (Figure 77). Yeux particulièrement grands. Museau assez pointu. Oreilles très longues. Queue remarquablement longue et bicolore, face dorsale gris marron, et partie ventrale gris clair ; son bout est garni de quelques poils bruns (Figure 78). Pattes postérieures clairement allongées.

Espèces similaires : Le genre *Macrotarsomys* est facilement reconnaissable par sa forme, ses longues pattes postérieures comme un kangourou ou une gerbille et la coloration de son pelage. *Macrotarsomys bastardi* se distingue facilement des autres membres du genre par ses mesures externes (Tableau 10) et les petites touffes de poils bruns à l'extrémité de la queue.

Histoire naturelle : *Macrotarsomys bastardi* est **terrestre** et **nocturne**. Quand il bondit grâce à ses pattes de type **sauteur**, cette espèce a une posture verticale et elle utilise sa longue queue comme un **stabilisateur**. Elle est terrestre et creuse des **terriers** dans le substrat sableux dans la forêt, et lorsque l'animal est y présent, les entrées sont remblayées avec du sable (102). Son **régime alimentaire** est composé de graines et de fruits. Mamelles au nombre de deux paires et le nombre de petits est au maximum de quatre par portée (118).

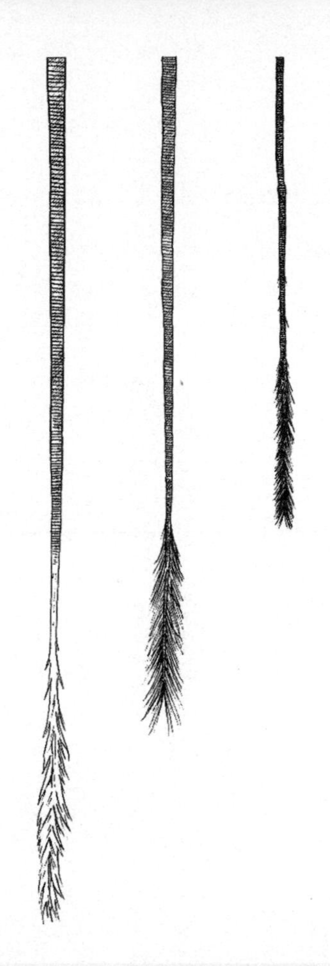

Figure 78. Chaque espèce de *Macrotarsomys* a une queue nettement différente en ce qui concerne la longueur (voir Tableau 10), la coloration du pelage et le développement de la touffe de poils à l'extrémité (de gauche à droite) : *M. petteri*, *M. ingens* et *M. bastardi*. (D'après 46.)

Distribution : Largement répandu à l'Ouest, depuis la chaine de Bongolava (région d'Antsohihy) jusqu'à l'extrême Sud, à l'Ouest de la chaîne Anosyenne (Tolagnaro). Cette espèce est connue depuis le niveau de la mer jusqu'à 915 m d'altitude.

Habitat : Forêt sèche caducifoliée et bush épineux.

Conservation : Préoccupation mineure (76).

Macrotarsomys ingens Petter, 1959

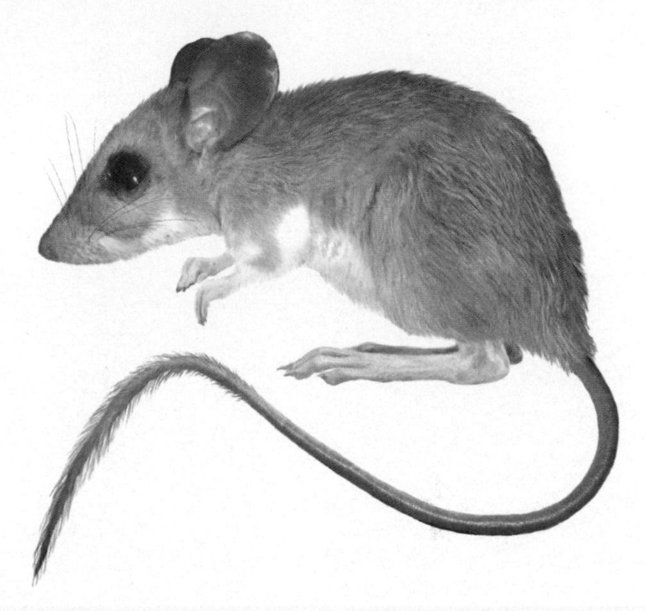

Figure 79. Illustration de *Macrotarsomys ingens*. (Dessin par Velizar Simeonovski.)

Description : Longueur tête-corps de 112 à 150 mm qui est nettement plus courte que celle de la queue mesurant de 183 à 240 mm (Tableau 10). Pelage dorsal assez doux, fin, gris brun assez clair, présence d'une ligne de démarcation bien nette séparant la partie dorsale de la partie ventrale qui est uniformément blanche à partir du menton (Figure 79). Yeux particulièrement larges. Oreilles très longues. Queue remarquablement longue et bicolore, face dorsale brune contre gris clair sur la face ventrale, et elle est garnie avec une touffe de poils bruns à l'extrémité et pas bien développée (Figure 78). Pattes postérieures clairement allongées.

Espèces similaires : Voir *Macrotarsomys bastardi*. *Macrotarsomys ingens* a une taille moyenne par rapport à *M. bastardi* et *M. petteri* (Tableau 10). Pelage dorsal de *M. ingens* est gris brun et plus clair par rapport à celui de *M. petteri*. Dans la région d'Ankarafantsika, *M. ingens* et *M. bastardi* vivent en **sympatrie**.

Histoire naturelle : *Macrotarsomys ingens* est **nocturne** mais aussi

terrestre et **arboricole**. Quand il bondit avec ses pattes de type **sauteur**, cette espèce a une posture verticale et elle utilise sa queue particulièrement longue comme un **stabilisateur**. Elle est terrestre et creuse des **terriers** dans le substrat sableux dans la forêt et peut également grimper sur les petites branches et les lianes. Le **régime alimentaire** est supposé être des graines et des fruits. Les femelles de *M. ingens* donnent naissance à deux petits par portée (118) et elles ont deux paires de mamelles.

Distribution : Région d'Ankarafantsika. Il est connu entre 100 et 400 m d'altitude.

Habitat : Forêt sèche caducifoliée.

Conservation : En danger et cette espèce pourrait être sujette à la **prédation** par les chats et les chiens sauvages (76).

Macrotarsomys petteri Goodman & Soarimalala, 2005

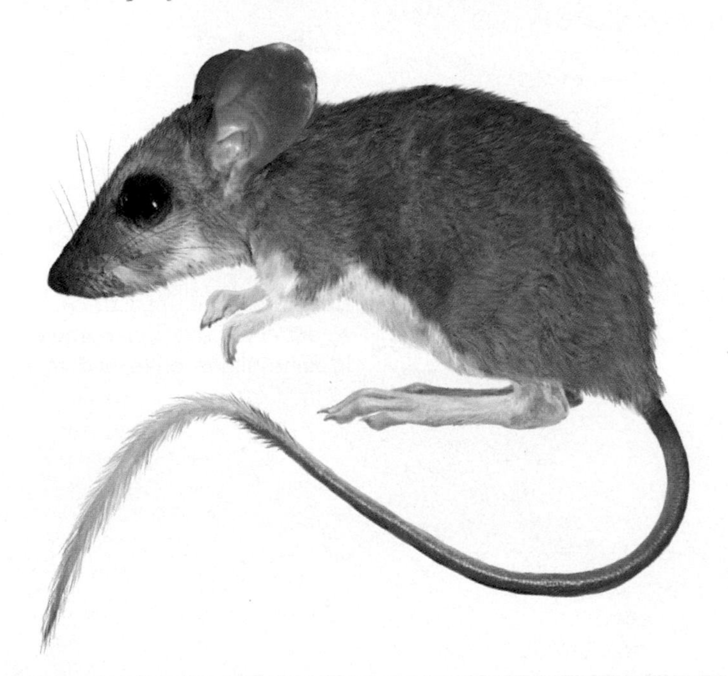

Figure 80. Illustration de *Macrotarsomys petteri*. (Dessin par Velizar Simeonovski.)

Description : Longueur tête-corps de 160 mm qui est nettement plus courte que celle de la queue mesurant 238 mm (Tableau 10). Pelage dorsal gris brun plus foncé et une ligne de démarcation est bien nette séparant la partie dorsale avec celle de la face ventrale qui est uniformément blanche à partir du menton (Figure 80). Yeux particulièrement grands. Oreilles très longues. Queue remarquablement longue et bicolore, face dorsale brun sombre et face ventrale un peu plus claire, et la partie terminale est couverte d'une touffe blanc cassé bien développée et plus longue (Figure 78). Pattes postérieures clairement allongées.

Espèces similaires : Voir *Macrotarsomys bastardi*. *Macrotarsomys petteri* se distingue facilement des autres membres de ce genre par ses mensurations externes plus grandes (Tableau 10) et la couleur de sa queue. Dans la forêt de Mikea, cette espèce vit en sympatrie avec *M. bastardi*.

Distribution : Forêt de Mikea. Il est connu par un échantillon récolté à 80 m d'altitude.

Habitat : Forêt sèche caducifoliée.

Conservation : Données insuffisantes (76).

ESPECES LARGEMENT TERRESTRES DE PETITE TAILLE

Monticolomys koopmani Carleton & Goodman, 1996

Figure 81. Illustration de *Monticolomys koopmani*. (Dessin par Velizar Simeonovski.)

Description : Petite taille avec longueur tête-corps de 91 à 101 mm qui est plus courte que celle de la queue mesurant de 91 à 101 mm (Tableau 10). Pelage doux relativement épais et fin, gris brunâtre dorsalement et uniformément gris clair à l'extrémité de la fourrure (Figure 81). Oreilles assez courtes. Queue faiblement velue de couleur noire à la base et les poils sont plus nombreux et parfois de couleur blanche à l'extrémité, mais ne forment pas une touffe distincte. Pattes assez longues, blanc crème.

Espèces similaires : Par rapport aux autres rongeurs **endémiques**, *Monticolomys* est facilement reconnaissable par sa petite taille, c'est la plus petite à l'exception du genre *Voalavo* (Tableau 10), la couleur de son pelage et sa queue à poils épars. Les **subadultes** *Rattus rattus* et *Eliurus minor* se confondent avec *Monticolomys*.

Histoire naturelle : Mamelles au nombre de trois paires et le nombre de petits est au maximum de trois par portée.

Distribution : *Monticolomys* se distribue dans les forêts humides dans la partie Nord à Tsaratanana, sur les Hautes Terres centrales et sur le versant Est à partir d'Ankaratra jusqu'à Andohahela (Parcelle 1). Il est connu entre 900 et 2 050 m d'altitude.

Habitat : Forêt humide sempervirente de montagne.

Conservation : Préoccupation mineure (76).

Voalavo antsahabensis Goodman, Rakotondravony, Randriamanantsoa & Rakotomalala-Razanahoera, 2005

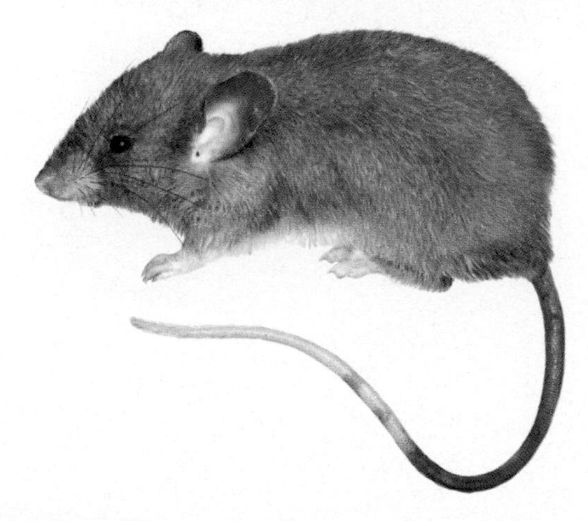

Figure 82. Illustration de *Voalavo antsahabensis*. (Dessin par Velizar Simeonovski.)

Description : Queue de 102 à 132 mm et plus longue que la longueur tête-corps qui mesure de 85 à 100 mm (Tableau 10). Ce genre est le plus petit des rongeurs **endémiques** malgaches. Pelage doux et relativement épais avec une texture soyeuse, partie dorsale grise, brunâtre sur les flancs et la nuque ; partie ventrale blanc cassé mélangé avec du gris clair (Figure 82). Queue nue et souvent bicolore, grise sur la face dorsale et blanche sur la face ventrale. Tarses gris brunâtre, doigts et orteils entièrement blancs.

Espèces similaires : Voir *Voalavo gymnocaudus*.

Histoire naturelle : *Voalavo* possède des glandes sur la partie antérieure du ventre qui produit une odeur de musc plus accentuée chez les mâles reproducteurs. Mamelles au nombre de trois paires et le nombre de petits est au maximum de deux par portée.

Distribution : *Voalavo antsahabensis* a une distribution restreinte dans la région d'Anjozorobe. Il est connu entre 1 250 et 1 320 m d'altitude.

Habitat : Forêt humide sempervirente de montagne.

Conservation : En danger (76).

Voalavo gymnocaudus Carleton & Goodman, 1998

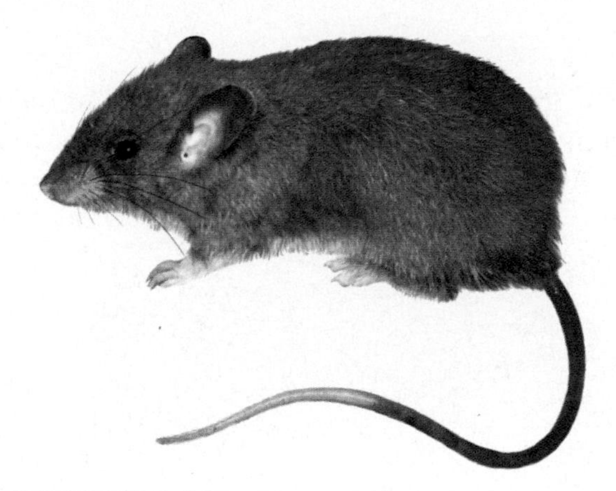

Figure 83. Illustration de *Voalavo gymnocaudus*. (Dessin par Velizar Simeonovski.)

Description : Queue de 113 à 126 mm plus longue que la longueur tête-corps qui mesure de 80 à 90 mm (Tableau 10). Pelage doux et relativement épais avec une texture soyeuse, partie dorsale grise, brunâtre sur les flancs et la nuque ; partie ventrale blanc cassé mélangé avec du gris clair (Figure 83). Queue souvent nue et bicolore, grise sur la face dorsale et blanche sur la face ventrale. Tarses gris brunâtre, doigts et orteils entièrement blancs.

Espèces similaires : *Voalavo gymnocaudus* a un museau assez long et une queue plus longue par rapport à celle de *V. antsahabensis* et ces deux espèces sont présentes dans différentes localités sur l'île (**allopatriques**).

Histoire naturelle : *Voalavo* possède des glandes sur la partie antérieure du ventre qui produit une odeur de musc plus accentuée chez les mâles reproducteurs. Mamelles au nombre de trois paires et le nombre de petits est au maximum de deux par portée.

Distribution : *Voalavo gymnocaudus* a une distribution restreinte dans le Nord, spécifiquement dans la région de Betaolana, Marojejy et Anjanaharibe-Sud. Il est connu entre 1 300 et 1 950 m d'altitude.

Habitat : Forêt humide sempervirente de montagne.

Conservation : Préoccupation mineure (76).

ELIURUS

Ce genre renferme 12 espèces qui sont faciles à distinguer parmi les rongeurs malgaches grâce à leur queue relativement longue et sa partie terminale couverte d'une touffe de poils formant un petit pinceau. Chez *Eliurus*, la queue est toujours plus longue que la longueur tête-corps. En général, la couleur du pelage des jeunes diffère de celle des adultes, qui compliquent la détermination de certaines espèces. Il n'est pas rare que quand un animal souffre d'une blessure à la queue, la fourrure de régénération peut être de couleur non typique et en verticille (Figure 84).

Les membres du genre *Eliurus* sont des animaux **nocturnes** et ils sont très craintifs. La plupart des espèces de ce genre ont des **mœurs** aussi bien **arboricoles** que **terrestres**. Les **adaptations** qui leur permettent de mener une vie arboricole comprennent une longue queue servant de balancier et leurs coussinets développés indiquant leur faculté à grimper sur les troncs d'arbres

Figure 84. Un exemple d'*Eliurus* illustré ici par *E. myoxinus* dont les poils de la queue sont régénérés ; ils sont d'une couleur différente de la normale, après une coupure de la partie où il y a de la touffe. (Cliché par Voahangy Soarimalala.)

et les lianes (18). La plupart des espèces d'*Eliurus* fréquentent la forêt humide sempervirente mais une part non négligeable est inféodée à la forêt sèche de l'Ouest avec une distribution restreinte. Toutefois, pendant la nuit, il est facile de confondre ces rongeurs avec les petits lémuriens du genre *Microcebus*. Comme toutes les espèces d'*Eliurus* sont forestières, les modifications de la couverture forestière naturelle restante sur l'île par les humains ont un grand impact sur ces animaux. Pour la plupart des espèces, les mamelles sont au nombre de trois paires et le nombre de petits va de trois à cinq par portée.

Pour faciliter l'identification des espèces, nous avons divisé les différents membres d'*Eliurus* en trois groupes :

1) Espèces de petite taille,
2) Espèces de taille moyenne,
3) Espèces de grande taille.

Tableau 11. Différentes mensurations externes des *Eliurus* spp. de la sous-famille des Nesomyinae. Les chiffres présentent les moyennes des mensurations (minimales - maximales et le nombre [n]) des échantillons mesurés. S'il n'y a que un ou deux spécimens par espèce, ces chiffres ne sont pas présentés (données de Vahatra, 17, 19, 21, 22, 24, 40, 64).

	Longueur totale (mm)	**Longueur tête-corps (mm)**	**Longueur de la queue (mm)**	**Longueur de la patte (mm)**	**Longueur de l'oreille (mm)**	**Poids (g)**
Espèces de petite taille						
Eliurus minor	239,6 (220-262, n=25)	112,8 (101-124, n=25)	128,9 (119-137, n=25)	21,4 (20-23, n=25)	17,6 (17-19, n=25)	35,1 (21,5-49,5, n=25)
Eliurus myoxinus	284,6 (256-309, n=10)	128,0 (117-136, n=10)	147,3 (125-167, n=10)	25,4 (24-26, n=12)	23,8 (23-25, n=12)	65,5 (51-75, n=11)
Espèces de taille moyenne						
Eliurus grandidieri	291,3 (275-309, n=42)	124,8 (111-164, n=59)	161,5 (144-176, n=42)	28,3 (26-31, n=59)	20,1 (19-23, n=60)	50,6 (42,0-62,0, n=59)
Eliurus petteri	--	130	205	33	22	--
Eliurus webbi	324,8 (303-344, n=6)	142,5 (135-152, n=11)	176,5 (161-186, n=6)	29,5 (27-31, n=10)	22,4 (21-24, n=10)	74,5 (60,5-90,5, n=11)
Espèces de grande taille						
Eliurus antsingy	329,2 (305-364, n=5)	146,8 (142-153, n=4)	170,2 (153-195, n=5)	29,8 (28-31, n=4)	24,8 (25-25, n=5)	92,8 (87-101, n=4)
Eliurus carletoni	328,3 (318-335, n=3)	147,7 (143-150, n=3)	174,3 (164-183, n=3)	28,8 (28-29, n=4)	24,3 (23-25, n=4)	94,8 (88-89, n=4)
Eliurus danieli	335, 337	150, 152	179, 195	30,32	26, 28	91, 100
Eliurus ellermani	--	152	177	35	20	--

Tableau 11. (suite)

	Longueur totale (mm)	Longueur tête-corps (mm)	Longueur de la queue (mm)	Longueur de la patte (mm)	Longueur de l'oreille (mm)	Poids (g)
Eliurus majori	322,0 (300-342, n=40)	150,0 (138-164, n=40)	171,6 (150-192, n=40)	25,9 (20-28, n=40)	20,1 (18-23, n=40)	79,3 (56,5-93,0, n=40)
Eliurus penicillatus	312	145	169	24	22	70
Eliurus tanala	330,1 (307-350, n=24)	152,0 (140-159, n=24)	178,3 (152-194, n=24)	29,9 (27-33, n=24)	23,6 (22-25, n=24)	81,7 (66,0-97,5, n=24)

ESPECES DE PETITE TAILLE

Eliurus minor Major, 1896

Figure 85. Illustration d'*Eliurus minor*. (Dessin par Velizar Simeonovski.)

Description : Cette espèce est la plus petite du genre *Eliurus*, avec une queue de 119 à 137 mm, plus longue que la longueur tête-corps de 101 à 124 mm (Tableau 11). Pelage dorsal généralement gris brunâtre avec une ligne de démarcation évidente séparant la partie dorsale de la partie ventrale qui est beige crème mélangé de gris (Figure 85). Oreilles moins développées que celles des autres *Eliurus*. Queue couverte d'une touffe de poils brun foncé à noirs, plus longs dans la partie distale à partir de la moitié de sa longueur et ils deviennent progressivement épais vers l'extrémité (Figure 86). Tarses gris, doigts et orteils entièrement blancs. Chez certains adultes, le pelage dorsal tend à être brun sombre. Chez les jeunes, il est gris et les touffes de poils sur la queue ne sont pas très denses et moins longues.

Espèces similaires : Morphologiquement, *Eliurus minor* est similaire à *E. myoxinus*, mais ce dernier a un pelage plus brun et il a une taille un peu plus grande et des pattes plus longues (Tableau 11). Les

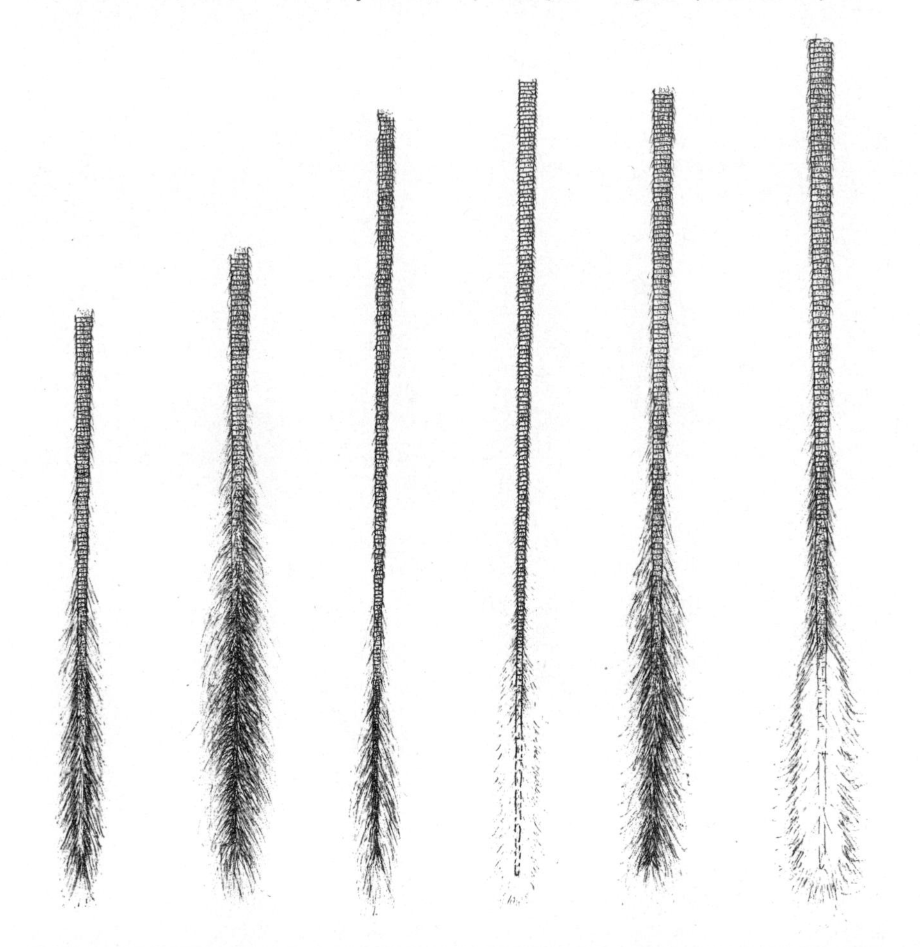

Figure 86. Plusieurs espèces d'*Eliurus* peuvent être différenciées par la longueur de leur queue, de la coloration du pelage et du développement de la touffe de poils à l'extrémité de la queue (de gauche à droite) : *E. minor*, *E. myoxinus*, *E. grandidieri*, *E. petteri*, *E. webbi* et *E. tanala*. (D'après 18.)

touffes de poils sur la queue de *E. myoxinus* sont plus denses et plus longues (Figure 86).

Histoire naturelle : *Eliurus minor* vit souvent en **sympatrie** avec les autres membres de ce genre. Dans certaines localités, cette espèce peut être assez commune. Elle est capable de s'accrocher aux plus petites lianes, de la largeur d'un crayon.

Distribution : Largement répandu au Nord depuis Montagne d'Ambre, Tsaratanana, Manongarivo, dans le complexe Marojejy et Anjanaharibe-Sud et Masoala, sur les Hautes Terres centrales et sur le versant Est jusqu'à Andohahela (Parcelle 1) au Sud. Il est connu depuis le niveau de la mer jusqu'à 2 050 m d'altitude. La présence de cette espèce à Ankarafantsika dans les données publiées est une erreur d'identification des **subadultes** d'*Eliurus myoxinus* (113, 128).

Habitat : Forêts humides sempervirentes de basse altitude et de montagne. C'est souvent la seule espèce d'*Eliurus* présente dans les forêts **dégradées** et **perturbées**.

Conservation : Préoccupation mineure (76).

Eliurus myoxinus Milne Edwards, 1855

Nom malgache : *sokitralina*

Description : Queue de 125 à 167 mm, plus longue que la longueur tête-corps qui mesure de 117 à 136 mm (Tableau 11). Pelage dorsal gris brun avec une ligne de démarcation évidente entre les faces dorsale et ventrale qui est blanc cassé (Figure 87). Oreilles moins développées par rapport à celles des autres *Eliurus*. Queue couverte de poils noir brun foncé ou noirs à partir de la dernière moitié de sa longueur et ils deviennent progressivement longs et épais vers l'extrémité (Figure 86). Tarses gris, doigts et orteils entièrement blancs. Pelage dorsal variant de brun clair à brun foncé et quelquefois brun roussâtre, la surface ventrale peut être blanc jaunâtre chez certains individus.

Espèces similaires : Voir *Eliurus minor*.

Histoire naturelle : *Eliurus myoxinus* est aussi bien **terrestre** qu'**arboricole**. Pendant la période de **reproduction**, le gite est occupé en permanence et est soit sous forme de nids, soit de **terrier**. Le nid est constitué par des feuillages et des petites branches d'arbres ou des trous sur les troncs d'arbres situé entre 2 et 6 m au-dessus du sol (118). En captivité, la durée de **gestation** de *E. myoxinus* est de 24 jours et certaines femelles arrivent à avoir jusqu'à quatre portées par an.

Distribution : Large distribution allant de l'Ouest jusqu'au Nord, comme Ankarana et Analamerana, la région de Daraina (Loky-Manambato) jusqu'au Sud-ouest, à l'extrême Sud à Andohahela (Parcelle 2) et Ambatotsirongorongo (2, 24). Il est connu dans les forêts humides à basse altitude de certains massifs comme Tsaratanana, Marotandrano et Marojejy et également dans la partie

Figure 87. Illustration d'*Eliurus myoxinus*. (Dessin par Velizar Simeonovski.)

Ouest des Hautes Terres centrales comme Ambohijanahary, Isalo et Analavelona. Il existe dans les forêts sèches à partir du niveau de la mer jusqu'à 870 m d'altitude et dans les forêts humides aux environs de 700 jusqu'à 1 240 m d'altitude.

Habitat : *Eliurus myoxinus* fréquente la forêt sèche caducifoliée et le bush épineux. Il est connu dans le massif d'Analavelona qui est une formation de transition entre la forêt sèche caducifoliée et la forêt humide sempervirente. Il se trouve également dans la forêt humide de basse altitude jusqu'à la limite inférieure de la forêt de montagne.

Conservation : Préoccupation mineure (76).

ESPECES DE TAILLE MOYENNE

Eliurus grandidieri Carleton & Goodman, 1998

Description : Queue de 144 à 176 mm, plus longue que la longueur tête-corps mesurant de 138 à 164 mm (Tableau 11). Pelage dorsal généralement de brun noirâtre à gris noirâtre et dominé par la couleur gris clair avec un aspect

Figure 88. Illustration d'*Eliurus grandidieri*. (Dessin par Velizar Simeonovski.)

brun sur les flancs, le dos devient de plus en plus gris noirâtre (Figure 88). Ligne de démarcation évidente entre la couleur du pelage dorsal et celle de la partie ventrale qui est blanc grisâtre. Museau ayant une forme plus allongée par rapport à celui des autres *Eliurus*. Oreilles relativement longues. Queue bicolore, grise sur la face dorsale et blanche sur la face ventrale, couverte d'une touffe de poils généralement blancs et épars vers un quart de la partie distale de sa longueur (Figure 86). Tarses gris, doigts et orteils entièrement blancs.

Espèces similaires : D'après les caractères externes, au stade **subadulte** *Eliurus grandidieri* pourrait être confondu avec *E. minor* mais ce dernier n'a pas de touffe de poils blancs à l'extrémité de la queue (Figure 86).

Histoire naturelle : Etant donné le grand pourcentage des individus capturés au sol, cette espèce est plutôt **terrestre** qu'**arboricole** (21).

Distribution : *Eliurus grandidieri* fréquente le Nord dans la région de Tsaratanana, le complexe Marojejy et Anjanaharibe-Sud ainsi que les Hautes Terres centrales, comme Anjozorobe, Fandriana-Marolambo et Ambatovy jusqu'à Maromiza. Il est connu entre 980 et 2 050 m d'altitude.

Habitat : Forêt humlde sempervirente de montagne.

Conservation : Préoccupation mineure (76).

Eliurus petteri Carleton, 1994

Figure 89. Illustration d'*Eliurus petteri*. (Dessin par Velizar Simeonovski.)

Description : Queue de 205 mm, plus longue que la longueur tête-corps qui mesure 130 mm (Tableau 11). Pelage dorsal brun grisâtre de plus en plus foncé sur le dos. Il est facilement reconnaissable par la couleur du pelage du ventre entièrement blanc brillant et avec une ligne bien visible entre les parties dorsale et ventrale (Figure 89). Le dernier quart de la queue est couvert de poils brun grisâtre épars qui forment une petite touffe et chez certains individus, la partie distale est blanche (Figure 86). Tarses gris, doigts et orteils entièrement blancs.

Espèces similaires : D'après la coloration de leur pelage, *Eliurus petteri* est similaire à *E. tanala* mais ce dernier à un aspect brunâtre, son ventre n'est pas souvent entièrement blanc. De plus, leurs mensurations externes diffèrent largement.

Distribution : *Eliurus petteri* a une distribution restreinte dans le Centre-est, sur les Hautes Terres centrales et la limite altitudinale inférieure du versant Est, comme la région d'Andasibe, Rogez, Mangerivola et le corridor Zahamena-Mantadia (110). Il est connu entre 400 et 1 000 m d'altitude.

Habitat : Forêts humides sempervirentes de basse altitude et montagne.

Conservation : Vulnérable (76).

Eliurus webbi Ellerman, 1949

Figure 90. Illustration d'*Eliurus webbi*. (Dessin par Velizar Simeonovski.)

Description : Queue de 161 à 186 mm est plus longue que la longueur tête-corps qui mesure de 135 à 152 mm (Tableau 11). Pelage dorsal généralement brun foncé et brun noirâtre vers le milieu du dos (Figure 90), la partie ventrale est gris clair avec un aspect brun sur les flancs, la ligne entre ces deux parties n'est pas bien visible. Oreilles proportionnellement plus petites que celles des autres *Eliurus*. Le dernier tiers de la queue est couvert de poils brun sombre qui deviennent progressivement épais vers l'extrémité et qui forment une touffe assez mince (Figure 86). La longueur de la queue et le développement de la touffe sont assez variables. Tarses gris, doigts et orteils entièrement blancs. Le pelage ventral des individus de Montagne d'Ambre est blanc cassé.

Espèces similaires : Le **subadulte** d'*Eliurus webbi* est similaire à *E. tanala* mais ce dernier a un pelage dorsal noirâtre et la face ventrale crème cassé.

Histoire naturelle : *Eliurus webbi* consomme des graines de *Canarium* (*ramy*) en rongeant un petit trou sur la partie centrale de la noix afin d'en extraire la graine (47). Il creuse des **terriers**.

Distribution : *Eliurus webbi* est largement répandu dans les forêts humides depuis le Nord comme Montagne d'Ambre, Tsaratanana, le complexe Marojejy et Anjanaharibe-Sud et Masoala, ainsi sur les Hautes Terres centrales et sur le versant Est jusqu'à Andohahela (Parcelle 1). Il est connu depuis le niveau de la mer jusqu'à 1 300 m d'altitude (3, 89).

Habitat : Forêts humides sempervirentes de basse altitude et de montagne. *Eliurus webbi* est toujours abondant parmi les rongeurs **autochtones** présents dans les forêts humides de basse altitude, y compris la forêt littorale et en montant progressivement en altitude, il devient plus rare.

Conservation : Préoccupation mineure (76).

ESPECES DE GRANDE TAILLE

Eliurus antsingy Carleton, Goodman & Rakotondravony, 2001

Description : Queue de 153 à 195 mm, plus longue que la longueur tête-corps qui mesure de 142 à 153 mm (Tableau 11). Pelage dorsal généralement brun foncé terne avec un aspect brun gris en raison de la présence de poils noirs, le pelage ventral varie et est souvent entièrement blanc, parfois blanchâtre tacheté de gris (Figure 91). La dernière moitié de la queue est couverte de poils bruns ou brun grisâtre et chez certains individus, ils sont mélangés avec des poils blancs. La queue se termine avec une touffe bien définie et certains individus ont une touffe en bandes verticillées consécutives variant entre le blanc et le brun. Tarses, doigts et orteils blancs. La partie ventrale des individus de Bemaraha a une couleur blanchâtre tacheté de gris, ceux de Namoroka entièrement blanche et à Beanka (Maintirano) les deux formes de couleurs sont présentes.

Histoire naturelle : Cette espèce est apparemment **terrestre** et plus précisément dans les habitats rocheux. Des individus ont été capturés avec des pièges placés sur les branches d'arbre à l'intérieur des canyons.

Distribution : Connu dans la partie Ouest centrale où il y a des roches calcaires, à savoir certains sites entre Bemaraha et Namoroka. Il est connu entre 100 et 430 m d'altitude.

Habitat : Forêt sèche caducifoliée et spécifiquement dans la zone **karstique** de *tsingy*.

Conservation : Données insuffisantes (76).

Figure 91. Illustration d'*Eliurus antsingy*. (Dessin par Velizar Simeonovski.)

Eliurus carletoni Goodman, Raheriarisena & Jansa, 2009

Description : Queue de 164 à 183 mm, plus longue que la longueur tête-corps qui mesure de 143 à 150 mm (Tableau 11). Pelage dorsal généralement brun foncé et chez certains individus le front et le visage sont marron clair, le pelage ventral est entièrement blanc ou blanc grisâtre et une ligne de démarcation entre les parties dorsale et ventrale est relativement évidente (Figure 92). Dernière moitié de la queue couverte de poils brun noirâtre épars qui deviennent progressivement épais vers l'extrémité. Chez certains individus, la touffe blanche est quelquefois constituée par des bandes verticillées variant de blanc à brun noirâtre. Tarses, doigts et des orteils blancs.

Espèces similaires : *Eliurus carletoni* est proche d'*E. antsingy*, mais ces deux espèces n'existent pas dans une même forêt (**allopatriques**).

Histoire naturelle : Cette espèce a des **mœurs** à la fois **terrestre** et

Figure 92. Illustration d'*Eliurus carletoni*. (Dessin par Velizar Simeonovski.)

arboricole. Elle est connue dans les zones forestières sur les roches calcaires.

Distribution : *Eliurus carletoni* est connu dans la partie Nord, spécifiquement dans les forêts d'Ankarana, d'Analamerana et de Daraina (Loky-Manambato). Il est connu entre 50 et 600 m d'altitude.

Habitat : Forêt sèche caducifoliée de l'Ouest sur **karstique** (*tsingy*) ou sur les sols sableux.

Conservation : Non évalué par IUCN (76).

Eliurus danieli Carleton & Goodman, 2007

Description : Queue de 179 à 195 mm, plus longue que la longueur tête-corps qui mesure de 150 à 152 mm (Tableau 11). *Eliurus danieli* est facilement reconnaissable par son pelage dorsal généralement de couleur grise qui contraste avec celui de la partie ventrale qui est blanc grisâtre (Figure 93). Les flancs et le front ont un aspect brunâtre. Oreilles assez longues. Queue couverte de poils noirs à partir de la moitié de sa

Figure 93. Illustration d'*Eliurus danieli*. (Dessin par Velizar Simeonovski.)

longueur et ils deviennent plus longs et de couleur blanche de 12 à 15 cm vers l'extrémité. Tarses bruns, doigts et orteils entièrement blancs.

Espèces similaires : Basé sur la coloration du pelage, *Eliurus danieli* est similaire aux autres espèces de grande taille comme *E. tanala*, *E. grandidieri* et *E. penicillatus* mais leur distribution est **allopatrique**. De plus, *E. danieli* a des mensurations externes distinctives (Tableau 11).

Histoire naturelle : Cette espèce est apparemment **terrestre** et souvent capturée au pied d'un rocher. Dans un des sites où cette espèce se trouve, elle a été capturée en dehors de la forêt et il semblerait qu'elle ne soit pas strictement forestière.

Distribution : Distribution très localisée dans les canyons d'Isalo et de Makay. Il est connu entre 600 et 700 m d'altitude.

Habitat : Les localités connues pour cette espèce se trouvent dans les canyons de grès avec une formation végétale de transition entre forêts sèche et humide appelée forêt humide de l'Ouest (93).

Conservation : Données insuffisantes (76)

Eliurus ellermani Carleton, 1994

Figure 94. Illustration d'*Eliurus ellermani*. (Dessin par Velizar Simeonovski.)

Description : Queue de 177 mm, plus longue que la longueur de la longueur tête-corps qui mesure 152 mm (Tableau 11). Pelage dorsal généralement brun grisâtre foncé avec un aspect gris foncé et chamois clair et devient plus clair vers les flancs, le pelage ventral est blanc cassé (Figure 94). Un tiers de la partie distale de la queue est couverte de poils sombres, épars qui deviennent progressivement épais vers l'extrémité.

Espèces similaires : *Eliurus ellermani* est morphologiquement quasi-identique à *E. tanala*, mais ce dernier a de longues oreilles et son pelage dorsal a une couleur plus saturée (17).

Distribution : Cette espèce est connue par deux spécimens dont l'un a été collecté dans la région de Maroantsetra et l'autre près de Rogez, et entre 400 et 850 m d'altitude.

Habitat : Forêt humide sempervirente de basse altitude.

Conservation : Données insuffisantes (76).

Eliurus majori Thomas, 1895

Figure 95. Illustration d'*Eliurus majori*. (Dessin par Velizar Simeonovski.)

Description : Queue de 150 à 192 mm, plus longue que la longueur tête-corps qui mesure de 138 à 164 mm (Tableau 11). Pelage plus soyeux, à texture laineuse et bouffante par rapport à celui des autres espèces d'*Eliurus*. Pelage dorsal généralement gris noirâtre à brun noirâtre et pelage ventral gris clair (Figure 95). La ligne qui sépare les parties dorsale et ventrale n'est pas très évidente. Un quart de l'extrémité de la queue est couverte de poils noirs épars qui deviennent progressivement épais vers le bout. La longueur de la queue varie suivant les individus et quelquefois, elle se termine avec une touffe blanche. Tarses gris, doigts et orteils entièrement blancs.

Espèces similaires : *Eliurus majori* est facilement reconnaissable par la texture de sa fourrure bouffante et laineuse. D'après les caractères externes, cette espèce est similaire à *E. penicillatus* et *E. tanala* mais ces deux dernières ont un pelage brunâtre plus long et plus fin.

Histoire naturelle : *Eliurus majori* est notamment **arboricole** et rarement capturé au sol. Les pattes de cette espèce sont larges et en combinant ce caractère avec sa queue qui sert de **stabilisateur**, l'animal se déplace à travers les différents substrats tels des petites lianes jusqu'à des grands troncs d'arbre.

Distribution : *Eliurus majori* est largement répandu dans les forêts humides au Nord depuis la Montagne d'Ambre, Tsaratanana et Makira, sur les Hautes Terres centrales et sur la partie supérieure du versant Est jusqu'au Sud à Andohahela (Parcelle 1). Il est connu entre 875 et 2 500 m d'altitude (89).

Habitat : Forêts humides sempervirentes de basse altitude (limite supérieure), de montagne et sclérophylle (89).

Conservation : Préoccupation mineure (76).

Eliurus penicillatus Thomas, 1908

Figure 96. Illustration d'*Eliurus penicillatus*. (Dessin par Velizar Simeonovski.)

Description : Queue de 145 mm, plus longue que la longueur tête-corps qui mesure 169 mm (Tableau 11). Pelage dorsal généralement gris brunâtre à brun noirâtre et pelage ventral gris clair (Figure 96). La ligne qui sépare ces deux parties n'est pas très évidente. La dernière moitié de la queue est couverte de poils blancs épars qui deviennent progressivement épais vers l'extrémité. Tarses gris, doigts et orteils entièrement blancs.

Espèces similaires : D'après les caractères externes, *Eliurus penicillatus* est similaire à *E. majori* mais ce dernier a un pelage plus soyeux, gris noirâtre avec une texture laineuse et bouffante (17).

Distribution : Seulement présent dans deux localités à proximité d'Ampitambe (Fianarantsoa) et dans la région de Fandriana-Marolambo. *Eliurus penicillatus* est connu entre 900 et 1 500 m d'altitude.

Habitat : Forêt humide sempervirente de montagne.

Conservation : En danger (76).

Eliurus tanala Major, 1896

Figure 97. Illustration d'*Eliurus tanala*. (Dessin par Velizar Simeonovski.)

Description : Queue de 152 à 194 mm, plus longue que la longueur tête-corps qui mesure de 140 à 159 mm (Tableau 11). Pelage dorsal généralement brun foncé grisâtre à marron fade et pelage ventral entièrement blanc ou parfois blanc tacheté de gris (Figure 97). La ligne de démarcation entre les parties dorsale et ventrale est évidente. La moitié de la partie distale de la queue est couverte de poils noirs courts et fins ; vers le dernier quart, ils deviennent progressivement épais vers l'extrémité (Figure 86) et formant une touffe blanche bien distincte. Les tons de la coloration de cette touffe varient entre les individus. Tarses grises, doigts et orteils entièrement blancs.

Espèces similaires : Voir *Eliurus penicillatus*. *Eliurus tanala* peut être confondu avec *E. webbi*, mais ce dernier a un pelage plus brun et la touffe de la queue est très différente (Figure 86).

Histoire naturelle : *Eliurus tanala* est une espèce à la fois **terrestre** et **arboricole**. Dans certaines zones de la forêt humide, *E. tanala* est fréquent. En basse altitude *E. webbi* est dominant mais vers 900 à 1 100 m, *E. tanala* est souvent plus commune et en montant plus en altitude *E. webbi* est absente. *Eliurus tanala* consomme des graines, telles les graines de *Canarium* (*ramy*) en rongeant un petit trou sur la partie centrale de la noix afin d'en extraire la graine (47).

Distribution : Largement répandu dans les forêts humides du Nord depuis Tsaratanana, le complexe Marojejy et Anjanaharibe-Sud et Masoala, ainsi que sur les Hautes Terres centrales et sur le versant Est jusqu'au Sud à Andohahela (Parcelle 1). Cette espèce est connue entre 450 et 1 875 m d'altitude (117).

Habitat : Forêt humide sempervirente de base altitude jusqu'à la forêt sclérophylle de montagne.

Conservation : Préoccupation mineure (76).

FAMILLE DES MURIDAE

SOUS-FAMILLE DES MURINAE

Ce sont des rongeurs de petite à moyenne taille et tous ont été **introduits** à Madagascar par les êtres humains (voir p. 29). Cette sous-famille représente deux genres et trois espèces introduites, à savoir *Rattus rattus*, *R. norvegicus* et *Mus musculus*. La queue est nue, la texture et la couleur des poils varient suivant les genres et les espèces. Ces différents rongeurs sont communs dans les milieux ruraux et urbains. Ils sont particulièrement abondants dans les habitations et les entrepôts en causant souvent des dégâts importants. Ils sont aussi des réservoirs de certaines maladies transmissibles à l'homme (voir p. 30). *Rattus rattus* et *Mus musculus* fréquentent également la forêt.

Tableau 12. Différentes mensurations externes des membres de la sous-famille des Murinae, tous sont introduits à Madagascar. Les chiffres présentent les moyennes des mensurations et le nombre (n) des échantillons mesurés (données Vahatra, 146).

Espèce	Longueur totale (mm)	Longueur tête-corps (mm)	Longueur de la queue (mm)	Longueur de la patte (mm)	Longueur de l'oreille (mm)	Poids (g)
Mus musculus	144,1, n=15	67,4, n=15	71,0, n=15	15,5, n=15	13,6, n=15	10,3, n=15
Rattus rattus	365,0, n=5	168,2, n=5	199,8, n=5	35,0, n=5	23,2, n=5	116,2, n=5
Rattus norvegicus	405,0, n=8	217,3, n=8	187,4, n=8	43,0, n=8	22,3, n=8	259,0, n=8

Mus musculus Linné, 1758

Nom malgache : *totozy*

Figure 98. Illustration de *Mus musculus*. (Dessin par Velizar Simeonovski.)

Description : Petite taille avec la moyenne de la longueur tête-corps égale à 67,4 mm, relativement identique à la queue qui est de 71,0 mm (Tableau 12). Pelage dorsal gris brunâtre et beige sur le ventre (Figure 98). Museau assez pointu. Oreilles rondes et proportionnellement longues. Queue marron plus ou moins foncé, recouverte d'écailles et de petits poils courts. Pattes postérieures brun clair à gris clair.

Espèces similaires : Les **subadultes** des membres du genre *Rattus* peuvent être confondus avec *Mus musculus*. Toutefois, à cet âge, il est facile de différencier *Rattus* de ce dernier par les mensurations de leurs pattes et oreilles qui sont proportionnellement très longues. *Mus* ne pourrait pas être confondu avec les rongeurs **endémiques** qui ont une queue couverte des poils. Les exceptions incluent les genres *Voalavo* et *Monticolomys* dont la queue est largement nue mais leur pelage est doux et sa couleur est nettement différente de celle de *Mus*.

Histoire naturelle : Cette espèce est particulièrement abondante dans les habitations, bâtiments associés avec le stockage des produits agricoles et les entrepôts. Des études génétiques moléculaires récentes portant sur *Mus* malgache provenant de plusieurs localités de milieux urbains indiquent que l'origine de ces populations introduites est une espèce provenant d'Yémen souvent nommée *M. gentilulus* (31). D'après des études menées sur l'écologie de la **reproduction** de *M. musculus* introduit sur les îles de l'hémisphère sud (104), les femelles sont reproductives presque toute l'année, sauf pendant la saison froide. La taille des portées est généralement de six à sept petits et parfois jusqu'à 10. Les animaux peuvent commencer à se reproduire quelques mois après leur naissance. L'espèce possède cinq paires de mamelles.

Distribution : *Mus musculus* existe presque partout à Madagascar. En dehors des contextes **synanthropiques**, cette espèce est capable de coloniser plusieurs **écosystèmes** naturels, souvent les forêts à proximité des habitations. Elle est connue entre le niveau de la mer jusqu'à 2 500 m d'altitude (89).

Habitat : **Nocturne** et plutôt **granivore**. *Mus musculus* vit en milieux ruraux, urbains et dans les écosystèmes naturels. Il fréquente également différents types de forêts naturelles à Madagascar, y compris la forêt humide sempervirente, la forêt sèche caducifoliée et le bush épineux. D'après nos expériences, il préfère les habitats plus secs surtout les zones de forêt sclérophylle de montagne et les **marais**. Il est rarement trouvé dans la forêt humide de montagne loin de la **lisière forestière**.

Rattus rattus (Linné, 1758)

Nom malgache : *voalavo*

Description : Relativement de grande taille avec la moyenne de longueur tête-corps de 168,2 et plus courte que la queue qui est de 199,8 mm (Tableau 12). Pelage dorsal particulièrement variable entre gris et brun sombre et souvent avec des nuances jaunâtres, pelage ventral variant de gris à brun, plus clair que le dos ou entièrement blanc (Figure 99). Pelage très épais avec des poils rudes. Oreilles proportionnellement longues. Queue recouverte d'écailles et largement nue mais avec des petits poils courts. Pattes antérieures et postérieures assez longues. Taille et poids varient beaucoup suivant la disponibilité des ressources alimentaires.

Espèces similaires : Voir *Mus musculus*. *Rattus rattus* peut être confondu avec *R. norvegicus* mais ce dernier a un pelage plus gris, la longueur de la queue est plus courte par rapport à la longueur tête-corps, les yeux et les oreilles sont plus petits et le corps est plus costaud.

Histoire naturelle : **Nocturne** et **omnivore**, il a une préférence pour les graines (**granivore**). Cette espèce remarquablement ubiquiste est capable de **coloniser** pratiquement tous les

Figure 99. Illustration de *Rattus rattus*. (Dessin par Velizar Simeonovski.)

habitats naturels et **anthropogéniques** de l'île. Ces habitats comprennent les zones forestières très éloignées de l'habitation humaine. *Rattus rattus* est une des espèces **introduites** qui a transporté ses **ectoparasites**. Parmi ces ectoparasites, les puces transmettent la **peste** de rongeur à rongeur par l'intermédiaire de leurs piqûres. Cette espèce figure alors parmi les rongeurs les plus importants pour la transmission de la peste (29). Elle est aussi responsable de la diminution des espèces **endémiques** malgaches par **compétition** ou par transmission de maladie ou bien les deux à la fois (39).

Dans de bonnes conditions, particulièrement aux alentours des villages, *Rattus rattus* peut se reproduire tout au long de l'année (30), les femelles mettent bas de trois à neuf portées par année comptant jusqu'à 10 ratons chacune. Les femelles peuvent réguler leur fécondité (111). Ainsi, dans les forêts et les zones agricoles, la **reproduction** n'est pas continue, mais elle est plutôt favorisée par la saison des pluies pendant laquelle la nourriture est plus abondante.

Distribution : *Rattus rattus* existe partout à Madagascar dans les zones **anthropiques** et les écosystèmes naturels forestiers. Il est connu depuis le niveau de la mer jusqu'à 2 500 m d'altitude (3, 89).

Habitat : *Rattus rattus* est souvent commensal et vit en milieux ruraux et urbains. Cette espèce vit essentiellement dans des milieux humides, creuse des **terriers** et des galeries dans les sous-sols des bâtiments et aux abords des habitations et fréquente les égouts. Elle se trouve également dans des nombreux types d'habitats forestiers non **perturbés** ou **dégradés**, y compris la forêt humide sempervirente, la forêt sèche caducifoliée et le bush épineux. Sa capacité à coloniser des zones forestières peut être en partie liée à la présence d'eau, ce qui expliquerait sa rareté dans les formations végétales sèches.

Rattus norvegicus (Berkenhout, 1769)

Nom malgache : *voalavo*

Figure 100. Illustration de *Rattus norvegicus*. (Dessin par Velizar Simeonovski.)

Description : Relativement de grande taille avec une moyenne de longueur tête-corps de 217,3 mm, plus longue que la queue qui est de 187,4 mm (Tableau 12). Pelage généralement gris brunâtre sur le dos et gris blanchâtre sur le ventre (Figure 100). L'apparence du pelage a un éclat brillant. Museau assez court et anguleux. Oreilles courtes. Queue recouverte d'écailles et largement nue mais avec de petits poils courts. Pattes antérieures et postérieures assez longues.

Histoire naturelle : **Nocturne** et **omnivore**. Cette espèce est particulièrement commune dans des situations urbaines et dans de contexte **synanthropique**. Il est également responsable de la transmission de différentes maladies comme *Rattus rattus*. Avec des ressources alimentaires suffisantes, *R. norvegicus* peut se reproduire tout au long de l'année, les femelles mettent bas de trois à neuf portées par an comptant jusqu'à 10 ratons chacune.

Distribution : Largement répandu sur l'île, en particulier dans les zones urbaines. Il est connu depuis le niveau de la mer jusqu'à moins de 1 500 m.

Habitat : *Rattus norvegicus* est synanthropique et il vit en milieux ruraux et urbains ; il est particulièrement abondant dans les habitations, les greniers et les entrepôts. Cette espèce vit essentiellement dans des milieux plutôt humides et insalubres, creuse des **terriers** et des galeries dans les sous-sols des bâtiments et aux abords des habitations et fréquente les égouts. Cette espèce se trouve rarement dans des habitats naturels forestiers.

Partie 3. Glossaire

A

Accouplement : appariement de deux individus, un mâle et une femelle, dans l'acte de relation sexuelle ou coït.

Acoustique : relatif aux sons, à leur perception.

Adaptation : état d'une espèce qui la rend plus favorable à la reproduction ou à l'existence sous les conditions de son environnement.

ADN : acide désoxyribonucléique, et constitue la molécule support de l'information génétique héréditaire.

Albinos : dépourvu de pigmentation, atteint d'albinisme.

Allaiter : donner le sein à un jeune.

Allochtone : espèce qui n'est pas originaire de la région où elle se trouve.

Allopatrique : ayant une aire de répartition propre, différente de celle des taxa voisins.

Anatomique : relatif à la structure du corps.

Ancêtre : tout organisme, population ou espèce à partir duquel d'autres organismes, populations ou espèces sont nés par reproduction.

Ancien Monde : dénomination d'un ensemble de régions, composé de l'Europe, de l'Asie et de l'Afrique.

Anthropogénique (anthropique) : effets, processus ou matériels générés par les activités de l'homme.

Aphylles : qui n'a pas de feuilles.

Arborescent : qui a le caractère, la forme d'un arbre.

Arboricole : qui vit dans les arbres.

Archéologique : relatif à l'archéologie ou l'étude scientifique des civilisations anciennes reposant sur la collecte et l'analyse de leurs traces matérielles.

Audition : action d'entendre ou d'écouter.

Autochtone : espèce que l'on trouve naturellement dans un endroit.

B

Biodiversité : qui se réfère à la variété ou à la variabilité entre les organismes vivants et les complexes écologiques dans lesquels ils se trouvent.

Bipède : animal qui marche sur deux pattes.

BP : âge obtenu par la méthode de datation Carbone 14. Les résultats sont donnés en années « before present » en Anglais (BP) ou « Avant Jésus Christ ».

Bush épineux (forêt épineuse) : habitat du domaine du Sud constitué généralement par des broussailles caducifoliées et des fourrés épineux.

C

Caducifoliée (caduque) : les forêts caducifoliées sont constituées des plantes qui perdent la majorité de leurs feuilles au cours de la saison sèche (voir décidue).

Canopée : couche supérieure de la végétation par rapport au niveau du sol, généralement celle des branches d'arbres et des épiphytes. Dans les forêts tropicales, la canopée peut se situer à plus de 30 m au-dessus du sol.

Carnivora : ordre de la classe des mammifères qui possèdent, en général, de grandes dents pointues, des mâchoires puissantes et qui chassent d'autres animaux.

Carnivore : organisme qui mange de la viande.

Chaîne alimentaire : série d'organismes qui utilisent le suivant, dans une série de sources de nourriture ; une suite d'êtres vivants dans laquelle chacun mange celui qui le précède.

Changement climatique : désigne l'ensemble des variations des caractéristiques climatiques en un endroit donné, au cours du temps comme réchauffement ou refroidissement.

Charogne : cadavre d'un animal mort et en état de décomposition.

Clade : groupe d'espèces qui partagent des caractéristiques héritées d'un ancêtre commun.

Classification : acte d'attribuer des classes ou catégories à des éléments de même type.

Colonisation : occupation d'une région donnée par une ou plusieurs espèces.

Compétition : type d'interaction entre des organismes ou des espèces dans lequel le taux de reproduction de l'un est diminué par la présence de l'autre.

Congénère : qui est du même genre.

Conservation : préservation des ressources naturelles.

Convergent : similarités retrouvées indépendamment chez deux ou plusieurs organismes qui n'ont pas un ancêtre proche.

Coriaces : dur comme du cuir.

Cranio-dentaire : caractères anatomiques associés au crâne et dents.

Crépusculaire : organisme actif pendant les périodes de fin d'après-midi et au petit matin.

Cryptique : forme corporelle ou coloration permettant à un animal de se camoufler sur le substrat.

Culture sur brûlis (*tavy*) : forme d'agriculture temporaire utilisant le feu comme moyen de création des champs dans les pays tropicaux souvent en basse altitude.

Cycle de vie : succession complète des changements subis par un organisme au cours de sa vie.

D

Datation radiocarbone : est une méthode de datation radiométrique basée sur la mesure de l'activité radiologique du carbone 14 (^{14}C) contenu dans la matière organique dont on souhaite connaître l'âge absolu, à savoir le temps écoulé depuis sa mort.

Décidue : les forêts décidues sont constituées de plantes qui perdent la majorité de leurs feuilles lors de la saison sèche (voir caducifoliée).

Dégradé : détérioration de la qualité, du niveau ou de l'équilibre d'un habitat ou d'un écosystème.

Dents de lait : chez les mammifères, dents déciduales

qui seront remplacées par les dents permanentes.

Disparition : extinction de tous les membres d'une unité taxonomique.

Dispersion : dissémination des individus d'une espèce, souvent à la suite d'un évènement majeur de reproduction. Les organismes peuvent se disperser comme les graines, les œufs, les larves ou en tant qu'adultes.

Diurne : organisme actif le jour.

Domaine vital : zone occupée par un animal dans ses activités normales.

Domestique : animal faisant l'objet d'une pression de sélection continue et constante, normalement dans le contexte d'élevage en captivité, c'est-à-dire qui a fait l'objet d'une domestication.

Dynamique des populations : processus qui caractérise les fluctuations dans les effectifs et la structure d'une population en fonction du temps ou encore sa répartition dans l'espace.

E

Echantillon : spécimen qui sert de base aux études et retenu comme référence.

Echolocation : utilisation des échos pour la détection des objets, comme observée chez les chauves-souris ou certaines espèces des petits mammifères.

Ecologie : domaine de la biologie qui étudie les relations entre êtres vivants, et entre ces derniers et leur environnement.

Ecosystème : tous les organismes trouvés dans une région particulière et l'environnement dans lequel ils vivent. Les éléments d'un écosystème interagissent entre eux d'une certaine façon, et de ce fait dépendent les uns des autres directement ou indirectement.

Ecotone : zone de transition située entre deux différentes communautés végétales adjacentes.

Ectoparasite : parasite qui vit à la surface externe d'un organisme hôte.

Edaphique : caractéristiques du sol.

Edentés : ordre de mammifères reconnus auparavant dont la plupart sont privés de dents.

Effet de lisière (ou effet de bord) : la lisière correspond à la zone de transition entre deux ou plusieurs milieux telle la zone entre la forêt et la savane anthropogénique. La lisière présente des conditions climatiques et écologiques particulières et un processus qui caractérise la fragmentation de l'habitat.

Elevage en captivité : propagation ou préservation d'animaux en dehors de leur habitat naturel, normalement dans les parcs zoologiques (*ex-situ*). Ces animaux élevés en captivité fournissent une population source pour la réintroduction dans leur habitat naturel une fois que les problèmes de conservation locaux sont sous contrôle (chasse, réduction de l'habitat, etc.).

Endémique : organisme natif d'une région particulière et inconnu nulle part ailleurs.

Endémisme : fait d'être unique à un endroit géographique particulier, tel qu'à une île spécifique, à un type d'habitat ou à d'autres zones définies.

Endogé : espèce qui effectue son cycle vital à l'intérieur du sol.

Endoparasite : parasite qui vit à l'intérieur d'un organisme hôte.

Envahissant : qui envahit ou occupe.

Environnement : endroit et conditions dans lesquels vit un organisme.

Eocène : période géologique comprise entre 56 et 34 millions d'années.

Epiphyte : plante qui se fixe sur d'autres sans pour autant se comporter en parasite.

Espèces cryptiques : espèces qui sont clairement différentes selon leurs gènes, mais qui sont pourtant difficiles à distinguer d'après leurs caractéristiques physiques.

Evolution : déroulement des évènements impliqués dans le développement évolutif d'une espèce ou d'un groupe taxonomique d'organismes.

Exotique (introduite) : espèce non originaire d'une région.

Extinction (disparition) : phénomène par lequel disparaissent les espèces vivantes au cours de périodes géologiques.

Extirpation : disparition locale au niveau d'un site ou région alors que le taxon en question est toujours présent ailleurs.

F

Facteur limitant : les facteurs limitants sont ceux qui expliquent la présence durable ou non de populations viables d'organismes dans un écosystème donné. Par exemple, pression de chasse, température, lumière, humidité, nutriments, etc.

Famille : rang taxonomique de la classification biologique, situé entre l'ordre et le genre.

Fèces : déjections.

Folivore : animal qui se nourrit essentiellement de feuilles, de tiges et d'écorces.

Forêt épineuse (bush épineux) : habitat du domaine du Sud constitué généralement par des broussailles caducifoliées et des fourrés épineux.

Fossile : reste minéralisé d'un animal ou d'une plante ayant existé dans un temps géologique passé.

Fouissement : action de fouir.

Fouisseur : animal qui fore des terriers dans le sol.

Frugivore : animal qui mange essentiellement des fruits.

G

Galerie : bande de forêt naturelle le long des cours d'eau.

Génétique : discipline de la biologie qui implique la science de l'hérédité et les variations des organismes vivants.

Génétique moléculaire : recherche qui concerne la structure et l'activité d'un matériel génétique au niveau moléculaire.

Gestation : état d'une femelle qui porte son ou ses petits entre la conception et la naissance.

Gibier : animal sauvage que l'homme chasse pour manger.

Gondwana : supercontinent qui a existé du Cambrien jusqu'au Jurassique, composé essentiellement de l'Amérique du Sud, de l'Afrique, de Madagascar, de l'Inde, de l'Antarctique et de l'Australie.

Gouvernail : dispositif situé à l'arrière d'un bateau, qui permet de le diriger.

GPS (« Global Positioning System ») : appareil servant à déterminer les coordonnées géographiques d'un lieu, par la transmission des données par satellite.

Granivore : animal dont le régime alimentaire est à base de graines.

H

Habitat : endroit et conditions dans lesquels vit un organisme.

Herbivore : espèce se nourrissant exclusivement de plantes vivantes.

Hibernation : état dans lequel se trouve un organisme ou un groupe d'organismes qui ralentit son métabolisme durant une période donnée.

Histoire évolutive : à l'échelle des temps géologiques, l'évolution conduit à des changements morphologiques, anatomiques, physiologiques et comportementaux des espèces. L'histoire des espèces peut ainsi être écrite et se représente sous la forme d'un arbre phylogénétique (voir Figure 13, par exemple).

Holocène : période géologique comprise entre 11 000 et 2 000 ans.

Holotype : unique échantillon qui caractérise et est attaché au nom scientifique d'une espèce ou sous-espèce donnée.

Horloge moléculaire : théorie selon laquelle une séquence génétique évolue à une vitesse à peu près constante au cours du temps, ce qui a pour conséquence que la distance séparant des animaux différents devrait permettre de dater l'époque de leur divergence.

Hygrophile : se dit des êtres vivants, plus particulièrement des végétaux, qui ont besoin de beaucoup d'humidité pour se développer.

I

Incisives : dents antérieures souvent aplaties et à bords tranchants.

Indigènes : qui sont originaire du pays ou de la zone géographique où il vit.

Insectivora : ordre utilisé auparavant dans la taxonomie des mammifères qui comprenait différents groupes d'animaux, dont beaucoup consomment des insectes. Ce terme n'est plus utilisé et les animaux de Madagascar, précédemment mis dans cet ordre font maintenant partie des Afrosoricida (Tenrecidae) et Soricomorpha (Soricidae).

Insectivore : organisme qui consomme principalement des insectes.

Intraspécifique : désigne tout ce qui se rapporte aux relations entre individus d'une même espèce.

Introduit : organisme non originaire d'un endroit donné mais ramené d'un autre, exotique.

Invertébré : animal sans colonne vertébrale, comme les insectes.

Iridescent : qui a des reflets aux couleurs de l'arc-en-ciel.

J

Juvénile : n'ayant plus les caractères d'un jeune, mais pas encore ceux d'un subadulte.

K

Karst (karstique) : paysage façonné dans des roches calcaires. Les paysages karstiques sont caractérisés par des formes de corrosion de surface, mais aussi par le développement de cavités et de grottes causées par la circulation des eaux souterraines.

L

Latrine : lieu où les animaux déposent régulièrement leurs fèces.

Lipotyphla : ordre utilisé auparavant dans la taxonomie des mammifères qui comprenait différents groupes d'animaux. Ce terme n'est plus utilisé et les animaux de Madagascar précédemment mis dans cet ordre font maintenant partie des Afrosoricida (Tenrecidae).

Lisière forestière : bande ou écotone de transition entre un milieu forestier et un milieu ouvert.

Litière : couche dorsale du sol formée par les débris végétaux (feuilles, branches, fragments d'écorce, brindilles, etc.) récemment tombés et qui sont légèrement décomposés.

M

Mammalia : classe des vertébrés, animaux à sang chaud caractérisés par les glandes mammaires chez les femelles.

Mammalogiste : chercheur qui étudie les mammifères.

Mammifère : tout animal à sang chaud et vertébré de la classe des Mammalia.

Marais : zone où s'accumulent des eaux stagnantes et où pousse de la végétation.

Marécage : terrain humide où l'on trouve des marais.

Mégafaune : animaux de grande taille.

Menotyphla : ordre utilisé auparavant qui comprenait les musaraignes arboricoles (famille des Tupaiidae) et les musaraignes à trompe (famille des Macroscelidae).

Métabolisme : processus général désignant toutes les réactions par lesquelles les cellules d'un organisme produisent et utilisent l'énergie.

Microendémique : organisme natif d'une région particulière et avec une répartition géographique très limitée.

Microhabitat : combinaison spécifique des éléments d'un habitat au niveau de l'endroit occupé par un organisme.

Mœurs : habitudes naturelles des différentes espèces.

Monogame : animal qui n'a qu'un seul partenaire.

Monophylétique : terme appliqué à un groupe d'organismes composé du plus récent ancêtre commun de tous les membres et des descendants. Un groupe monophylétique est également appelé un clade.

Morphologie : aspect et structure qui concernent généralement les formes, les éléments et l'arrangement des caractéristiques des organismes vivants et fossiles.

N

Niche écologique : la place et la spécialisation d'une espèce à l'intérieur d'un peuplement ou l'ensemble des conditions d'existence d'une espèce animale (habitat, nourriture, comportement de reproduction, relations avec les autres espèces).

Nichoir : nid artificiel qu'on suspend aux arbres pour faciliter la reproduction des oiseaux.

Niveau supérieur : classification taxonomique qui concerne généralement un niveau supérieur au genre.

Nocturne : organisme actif la nuit.

Nomenclature : ensemble des termes utilisés dans une discipline scientifique, par exemple en taxonomie.

Nouveau Monde : dénomination de l'Amérique (du Nord, Centrale et du Sud).

O

Odorat : sensibilité aux odeurs que possèdent les vertébrés, aux substances chimiques excitant des récepteurs sensoriels.

Olfaction : c'est un sens qui fait connaître les odeurs ; il permet de déterminer la présence de certaines molécules présentes dans l'air.

Omnivore : espèce dont le régime alimentaire est à la fois fondé sur la consommation de végétaux et d'animaux.

Ossifier : se dit des parties cartilagineuses qui se transforment en os.

P

Paléoécologie : discipline dont l'objet est l'étude des conditions écologiques au cours des périodes géologiques.

Paléontologiste : spécialiste de paléontologie ou de la science des fossiles.

Palmé : dont les doigts sont unis par une membrane comme celle des canards.

Paraphylétique : terme appliqué à un groupe d'organismes composés par le plus récent parent commun à tous les membres, et une partie mais non la totalité des descendants de ce plus récent parent commun.

Perturbation : événement ou série d'évènements qui bouleversent la structure d'un écosystème, d'une communauté ou d'une population et qui altèrent l'environnement physique.

Peste : maladie infectieuse causée par la bactérie *Yersinia pestis*. La peste bubonique est la forme la plus commune chez l'homme.

Phylogénétique : étude de la relation évolutive au sein de différents groupes d'organismes, comme les espèces ou les populations.

Phylogénie : relations au sein des organismes, particulièrement les aspects des branchements des lignées induits par une véritable histoire évolutive.

Phytogéographie : étude de la manière dont les végétaux sont répartis sur la terre.

Plantigrade : mammifère qui repose sur le sol par toute la surface de la plante du pied ou de la paume de la main.

Pléistocène : période géologique comprise entre deux millions et 11 000 ans.

Polygame : système de reproduction par lequel un seul mâle féconde plusieurs femelles.

Population : organismes appartenant à la même espèce et trouvés dans un endroit particulier à un moment donné.

Prédateur : organisme qui chasse et consomme d'autres organismes.

Prédation : activité de capture des proies.

Préhensile : qui a la faculté de saisir, dans le cas des petits mammifères. Certaines espèces ont une queue modifiée utilisée comme organe de préhension pour saisir les branches et les lianes.

Proie : organisme chassé et mangé par un prédateur.

R

Radeau flottant : végétation (arbres ou végétation dense) sur laquelle un organisme pris au piège, tel qu'un petit mammifère, peut flotter à la surface de l'eau et arriver sur une autre rive. C'est le moyen le plus souvent cité pour les animaux non volants qui sont arrivés à Madagascar en partant par exemple d'Afrique.

Radiation adaptative : désigne les divergences adaptatives que l'on observe à l'intérieur d'un même groupe monophylétique d'êtres vivants en fonction du type de niche écologique qu'ils occupent.

Rapace : tout oiseau qui chasse d'autres animaux.

Régime alimentaire : aliments consommés par un organisme.

Reproduction : processus biologique par lequel de nouveaux individus sont produits grâce à l'activité sexuelle.

S

Saltigrade : mode de locomotion des animaux qui se déplacent par sauts, en général en bondissant grâce à leurs pattes postérieures.

Sauteur : qui saute avec leurs pattes postérieures.

Sclérophylles : certaines plantes dont les feuilles dures et épaisses leur permettent de s'adapter à des conditions climatiques arides.

Sempervirente : formation végétale dont le feuillage demeure présent et vert tout au long de l'année.

Sous-bois : espace sous les arbres d'une forêt.

Sous-espèce : unité taxonomique d'un niveau inférieur à l'espèce.

Sous-famille : unité taxonomique d'un niveau inférieur à la famille.

Spéciation : processus évolutif par lequel une nouvelle espèce biologique apparait.

Stabilisateur : qui place ou conserve en équilibre stable, comme une queue longue.

Striduler : émettre des signaux sonores comme les bruits stridents chez certains insectes ou petites mammifères.

Subadulte : qui n'est plus juvénile, mais pas encore physiquement adulte.

Subfossile : restes osseux encore non minéralisés comme pour un vrai fossile, formés dans un passé géologique récent.

Subsistance : action ou fait de se maintenir à un niveau minimum.

Sympatrique (sympatrie) : deux ou plusieurs organismes qui coexistent dans un même endroit sans s'hybrider.

Synanthropiques : espèces d'animaux vivant à proximité de l'homme.

Systématique : science qui étudie la classification des organismes vivants ou morts.

T

Tactile : relatif au toucher.

Taxon : unité taxonomique ou catégorie d'organismes : sous-espèce, espèce, genre, etc. (Pluriel : taxa ou taxons).

Taxonomie : science ayant pour objet la désignation et la classification des organismes.

Terrestre : qui appartient à la terre, comme les animaux terrestres.

Terrier : trou creusé dans la terre par un animal pour lui servir d'abri.

Territoire : espace que s'approprie un individu, un couple ou un petit groupe, d'une espèce donnée afin de s'assurer l'exclusivité d'usage des ressources locales disponibles.

Torpeur (léthargie) : ralentissement de l'activité physiologique et engourdissement prolongé.

Tourbière : lieu associé à la décomposition lente de plantes herbacées dans des eaux stagnantes.

U

Ultrasonique : qui a rapport aux ultrasons où la fréquence est trop élevée pour être perceptible à l'oreille des êtres humains.

V

Vertébrés : la caractéristique la plus intuitive est que ces animaux possèdent un squelette osseux ou cartilagineux interne, qui comporte en particulier une colonne vertébrale composée de vertèbres.

Viande de brousse : viande d'animaux sauvages, recherchée par les êtres humains et souvent dans un contexte artisanal.

Vibrisse : organes sensoriels propres à certains animaux. Il s'agit de longs prolongements de poils chez les mammifères, qui transmettent leurs vibrations à un organe sensoriel situé à leur base.

Vocalisation : sons produits qui sortent de la bouche ou des narines.

Y

Yeux luisants : effets de la réflexion de la lumière sur une membrane iridescente située derrière ou dans la rétine de certains mammifères, appelée *tapetum lucidum*.

BIBLIOGRAPHIE

1. **Ade, M. 1996**. Examination of the digestive tract contents of Tenrec ecaudatus Schreber 1777 (Tenrecidae, Insectivore) from western Madagascar. In Ecology and economy of a tropical dry forest in Madagascar, eds. J. U. Ganzhorn & J.-P. Sorg. Primate Report, 46-1: 233-249.
2. **Andrianarimisa, A., Andrianjakarivelo, V., Rakotomalala, Z. & Anjeriniaina, M. 2009.** Vertébrés terrestres des fragments forestiers de la Montagne d'Ambatotsirongorongo, site dans le Système des Aires Protégées de Madagascar de la Région Anosy, Tolagnaro. *Malagasy Nature*, 2: 30-51.
3. **Andrianjakarivelo, V., Razafimahatratra, E., Razafindrakoto, Y. & Goodman, S. M. 2005.** The small mammals of the Parc National de Masoala, northeastern Madagascar. *Acta Theriologica*, 50: 537-549.
4. **Andriatsimietry, R., Goodman, S. M., Razafimahatratra, R., Jeglinski, J. W. E., Marquard, M. & Ganzhorn, J. U. 2009.** Seasonal variation in the diet of *Galidictis grandidieri* Wozencraft, 1986 (Carnivora: Eupleridae) in a sub-arid zone of extreme south-western Madagascar. *Journal of Zoology*, 279: 410-415.
5. **Asher, R. J. 1999.** A morphological basis for assessing the phylogeny of the "Tenrecoidea" (Mammalia, Lipotyphla). *Cladistics*, 15: 231 252.
6. **Balakrishnan, M. & Alexander, K. M. 1979.** Feeding behaviour of the Indian musk shrew, *Suncus murinus viridescens* (Blyth). *Proceedings of the Indian Academy of Sciences*, 88: 171-178.
7. **Benstead, J. P. & Olson, L. E. 2003**. *Limnogale mergulus*, web-footed tenrecs or aquatic tenrecs. In *The natural history of Madagascar*, eds. S. M. Goodman & J. P. Benstead, pp. 1267-1273. The University of Chicago Press, Chicago.
8. **Benstead, J. P., Barnes, K. H. & Pringle, C. M. 2001**. Diet, activity patterns, foraging movement and responses to deforestation of the aquatic tenrec *Limnogale mergulus* (Lipotyphla: Tenrecidae) in eastern Madagascar. *Journal of Zoology*, 254: 119-129.
9. **Berkelman, J. 1994**. The ecology of the Madagascar Buzzard *Buteo brachypterus.* In *Raptor conservation today*, eds. B.-U. Meyburg & R. D. Chancellor, pp. 255-256. WWGBP/Pica Press, East Sussex.
10. **Biebouw, K., Bearder, S. & Nekaris, A. 2009**. Tree hole utilisation by the hairy-eared dwarf lemur (*Allocebus trichotis*) in Analamazaotra Special Reserve. *Folia Primatologica*, 80: 89-103.
11. **Bronner, G. N. & Jenkins, P. D. 2005**. Order Afrosoricida. In *Mammal species of the World: A taxonomic and geographic reference*, 3rd edition, eds. D. E. Wilson & D. M. Reeder, pp. 71-81. Johns Hopkins University Press, Baltimore.

12. **Burney, D. A., James, H. F., Grady, F. V., Rafamantanantsoa, J.-G., Ramilisonina, Wright, H. T. & Cowart, J. B. 1997.** Environmental change, extinction and human activity: Evidence from caves in NW Madagascar. *Journal of Biogeography*, 24: 755-767.

13. **Burney, D. A., Burney, L. P., Godfrey, L. R., Jungers, W. L., Goodman, S. M., Wright, H. T. & Jull, A. J. T. 2004.** A chronology for late Prehistoric Madagascar. *Journal of Human Evolution*, 47: 25-63.

14. **Burney, D. A., Vasey, N., Godfrey, L. R., Ramilisonina, Jungers, W. L., Ramarolahy, M. & Raharivony, L. 2008**. New findings at Andrahomana Cave, southeastern Madagascar. *Journal of Cave and Karst Studies*, 70: 13-24.

15. **Butler, P. M. 1984**. Macroscelidea, Insectivora, and Chiroptera from the Miocene of East Africa. *Paleovertebrata*, 14: 117-200.

16. **Cardiff, S. G. & Goodman, S. M. 2008.** Natural history of Red Owls (*Tyto soumagnei*) in dry deciduous tropical forest in Madagascar. *The Wilson Journal of Ornithology*, 120: 891-897.

17. **Carleton, M. D. 1994.** Systematic studies of Madagascar's endemic rodents (Muroidea: Nesomyinae): Revision of the genus *Eliurus*. *American Museum Novitates*, 3087: 1-55.

18. **Carleton, M. D. 2003**. *Eliurus*, tufted-tailed rats. In *The natural history of Madagascar*, eds. S. M. Goodman & J. P. Benstead, pp. 1373-1380. The University of Chicago Press, Chicago.

19. **Carleton, M. D. & Goodman, S. M. 1996**. Systematic studies of Madagascar's endemic rodents (Muroidea: Nesomyinae): A new genus and species from the Central Highlands. In A floral and faunal inventory of the eastern slopes of the Réserve Naturelle Intégrale d'Andringitra, Madagascar: With reference to elevational variation, ed. S. M. Goodman. *Fieldiana: Zoology*, new series, 85: 231-256.

20. **Carleton, M. D. & Goodman, S. M. 1998**. New taxa of nesomyine rodents (Muroidea: Muridae) from Madagascar's northern highlands, with taxonomic comments on previously described forms. In A floral and faunal inventory of the Réserve Spéciale d'Anjanaharibe-Sud, Madagascar: With reference to elevational variation, ed. S. M. Goodman. *Fieldiana: Zoology*, new series, 90: 163-200.

21. **Carleton, M. D. & Goodman, S. M. 2000**. Rodents of the Parc National de Marojejy, Madagascar. In A floral and faunal inventory of the Parc National de Marojejy, Madagascar: With reference to elevational variation, ed. S. M. Goodman. *Fieldiana: Zoology*, new series, 97: 231-263.

22. **Carleton, M. D. & Goodman, S. M. 2007**. A new species of the *Eliurus majori* complex (Rodentia: Muroidea: Nesomyidae) from south-central Madagascar, with remarks on emergent species groupings in the genus *Eliurus*. *American Museum Novitates*, 3547: 1-21.

23. **Carleton, M. D. & Schmidt, D. F. 1990.** Systematic studies of Madagascar's endemic rodents (Muroidea: Nesomyinae): An annotated gazetteer of collecting

localities of known forms. *American Museum Novitates*, 2987: 1-36.

24. **Carleton, M. D., Goodman, S. M. & Rakotondravony, D. 2001.** A new species of tufted-tailed rat, genus *Eliurus* (Muridae: Nesomyinae), from western Madagascar, with notes on the distribution of *E. myoxinus*. *Proceedings of the Biological Society of Washington*, 114: 972-987.
25. **Cook, J. M., Trevelyan, R., Walls, S. S., Hatcher, M. & Rakotondraparany, F. 1991.** The ecology of *Hypogeomys antimena*, an endemic Madagascan rodent. *Journal of Zoology*, 224: 191-200.
26. **Decary, R. 1950.** *La faune malgache, son rôle dans les croyances et les usages indigènes*. Payot, Paris.
27. **de Wit, M. J. 2003**. Madagascar: Heads it's a continent, tails its an island. *Annual Review of Earth Planetary Science*, 31: 213-248.
28. **Dollar, L. J., Ganzhorn, J. U. & Goodman, S. M. 2006**. Primates and other prey in the seasonally variable diet of *Cryptoprocta ferox* in the dry deciduous forest of western Madagascar. In *Primate anti-predator strategies*, eds. S. L. Gursky & K. A. I. Nekaris, pp. 63-76. Springer Press, New York.
29. **Duplantier, J.-M. & Duchemin, J.-B. 2003.** Human diseases and introduced small mammals. In *The natural history of Madagascar*, eds. S. M. Goodman & J. P. Benstead, pp. 158-111. The University of Chicago Press, Chicago.
30. **Duplantier, J.-M. & Rakotondravony, D. 1999.** The rodent problem in Madagascar: Agricultural pest and threat to human health. In *Ecologically-based rodent management*, eds. G. R. Singleton, L. A. Hinds, H. Leirs & Z. Zhang, pp. 441-459. Australian Centre for International Agricultural Research, Canberra.
31. **Duplantier, J.-M., Orth, A., Catalan, J. & Bonhomme, F. 2002.** Evidence for a mitochondrial lineage originating from the Arabian Peninsula in the Madagascar house mouse (*Mus musculus*). *Heredity*, 89: 154-158.
32. **Eisenberg, J. F. & Gould, E. 1970.** The tenrecs: A study in mammalian behavior and evolution. *Smithsonian Contributions to Zoology*, 27: 1-137.
33. **Eisenberg, J. F. & Gould, E. 1984**. The insectivores. In *Madagascar*, eds. A. Jolly, P. Oberlé & R. Albignac, pp. 155-165. Pergamon, Oxford.
34. **Filhol, H. 1895**. Observations concernant les mammifères contemporains des *Æpyornis* à Madagascar. *Bulletin de Muséum national d'Histoire naturelle*, Paris, 1: 12-14.
35. **Ganzhorn, J. U., Ganzhorn, A. W., Abraham, J. P., Andriamanarivo & Ramananjatovo, A. 1990.** The impact of selective logging on forest structure and tenrec populations in western Madagascar. *Oecologia*, 84: 126-133.
36. **Golden, C. D. 2009.** Bushmeat hunting and use in the Makira Forest, north-eastern Madagascar: A conservation and livelihoods issue. *Oryx*, 43: 386-392.
37. **Gommery, D., Ramanivosoa, B., Faure, M., Guérin, C., Kerloc'h, P., Sénégas, F. & Randrianantenaina, H. 2011**. Les plus anciennes traces d'activités anthropiques de Madagascar sur les ossements

d'hippopotames subfossiles d'Anjohibe (Province de Mahajanga). *Comptes rendus Palevol* doi:10.1016/j.crpv.2011.01.006.

38. **Goodman, S. M. 1994**. A description of the ground burrow of *Eliurus webbi* (Nesomyinae) and case of cohabitation with an endemic bird (Brachypteraciidae, *Brachypteracias*). *Mammalia*, 58: 670-672.

39. **Goodman, S. M. 1995**. The spread of *Rattus* on Madagascar: The dilemma of protecting the endemic rodent fauna. *Conservation Biology*, 9: 450-453.

40. **Goodman, S. M. & Carleton, M. D. 1996.** The rodents of the Réserve Naturelle Intégrale d'Andringitra, Madagascar. In A floral and faunal inventory of the Réserve Naturelle Intégrale d'Andringitra, Madagascar: With reference to elevational variation, ed. S. M. Goodman. *Fieldiana: Zoology*, new series, 85: 257-283.

41. **Goodman, S. M. & Rakotondravony, D. 1996**. The Holocene distribution of *Hypogeomys* (Rodentia: Muridae: Nesomyinae) on Madagascar. Dans *Biogéographie de Madagascar*, ed. W. R. Lourenço, pp. 283-293. ORSTOM, Paris.

42. **Goodman, S. M. & Rakotondravony, D. 2000.** The effects of forest fragmentation and isolation on insectivorous small mammals (Lipotyphla) on the Central High Plateau of Madagascar. *Journal of Zoology*, 250: 193-200.

43. **Goodman, S. M. & Rasolonandrasana, B. P. N. 2001.** Elevational zonation of birds, insectivores, rodents and primates on the slopes of the Andringitra Massif, Madagascar. *Journal of Natural History*, 35: 285-305.

44. **Goodman, S. M. & Schütz, H. 2003**. Specimen evidence of the continued existence of the Malagasy rodent *Nesomys lambertoni* (Muridae: Nesomyinae). *Mammalia*, 67: 445-449.

45. **Goodman, S. M. & Soarimalala, V. 2004.** A new species of *Microgale* (Lipotyphla: Tenrecidae: Oryzorictinae) from the Forêt des Mikea of southwestern Madagascar. *Proceedings of the Biological Society of Washington*, 117: 251-265.

46. **Goodman, S. M. & Soarimalala, V. 2005.** A new species of *Macrotarsomys* (Rodentia: Muridae: Nesomyinae) from the Forêt des Mikea of southwestern Madagascar. *Proceedings of the Biological Society of Washington*, 118: 450-464.

47. **Goodman, S. M. & Sterling, E. J. 1996.** The utilization of *Canarium* (Burseraceae) seeds by vertebrates in the Réserve Naturelle Intégrale d'Andringitra, Madagascar. In A floral and faunal inventory of the eastern slopes of the Réserve Naturelle Intégrale d'Andringitra, Madagascar: With reference to elevational variation, ed. S. M. Goodman. *Fieldiana: Zoology*, new series, 85: 83-89.

48. **Goodman, S. M. & Thorstrom, R. 1998**. The diet of the Madagascar Red Owl (*Tyto soumagnei*) on the Masoala Peninsula, Madagascar. *Wilson Bulletin*, 110: 417-421.

49. **Goodman, S. M., Langrand, O. & Raxworthy, C. J. 1993**. The food habits of the Barn Owl *Tyto alba* at

three sites on Madagascar. *Ostrich*, 64: 160-171.

50. **Goodman, S. M., Langrand, O. & Raxworthy, C. J. 1993**. The food habits of the Madagascar Long-eared Owl *Asio madagascariensis* in two habitats in southern Madagascar. *Ostrich*, 64: 79-85.
51. **Goodman, S. M., Rakotondravony, D., Schatz, G. & Wilmé, L. 1996**. Species richness of forest-dwelling birds, rodents and insectivores in a planted forest of native trees: A test case from the Ankaratra, Madagascar. *Ecotropica*, 2: 109-120.
52. **Goodman, S. M., Andrianarimisa, A., Olson, L. E. & Soarimalala, V. 1996**. Patterns of elevational distribution of birds and small mammals in the humid forests of Montagne d'Ambre, Madagascar. *Ecotropica*, 2: 87-98.
53. **Goodman, S. M., Jenkins, P. D. & Langrand, O. 1997.** Exceptional records of *Microgale* species (Insectivora: Tenrecidae) in vertebrate food remains. *Bonner Zoologisches Beiträge*, 47: 135-138.
54. **Goodman, S. M., Langrand, O. & Rasolonandrasana, B. P. N. 1997.** The food habits of *Cryptoprocta ferox* on the high mountain zone of the Andringitra Massif, Madagascar (Carnivora, Viverridae). *Mammalia*, 61: 185-192.
55. **Goodman, S. M., Rene de Roland, L.-A. & Thorstrom, R. 1998**. Predation on the eastern woolly lemur *Avahi laniger* and other vertebrates by Henst's Goshawk *Accipiter henstii* in Madagascar. *Lemur News*, 3: 14-15.
56. **Goodman, S. M., Jenkins, P. D. & Pidgeon, M. 1999.** The Lipotyphla (Tenrecidae and Soricidae) of the Réserve Naturelle Intégrale d'Andohahela, Madagascar. In A floral and faunal inventory of the Réserve Naturelle Intégrale d'Andohahela, Madagascar: With reference to elevational variation, ed. S. M. Goodman. *Fieldiana: Zoology*, new series, 94: 187-216.
57. **Goodman, S. M., Rakotondravony, D., Soarimalala, V., Duchemin, J. B. & Duplantier, J.-M. 2000.** Syntopic occurrence of *Hemicentetes semispinosus* and *H. nigriceps* (Lipotyphla: Tenrecidae) on the Central Highlands of Madagascar. *Mammalia*, 64: 113-136.
58. **Goodman, S. M., Soarimalala, V. & Rakotondravony, D. 2001.** The rediscovery of *Brachytarsomys villosa* F. Petter, 1962 (Rodentia, Nesomyinae) in the northern highlands of Madagascar. *Mammalia*, 65: 83-86.
59. **Goodman, S. M., Kerridge, F. J. & Ralisoamalala, R. C. 2003**. A note on the diet of *Fossa fossana* (Carnivora) in the central eastern humid forests of Madagascar. *Mammalia*, 67: 595-598.
60. **Goodman, S. M., Vasey, N. & Burney, D. A. 2006.** The subfossil occurrence and paleoecological implications of *Macrotarsomys petteri* (Rodentia: Nesomyidae) in extreme southeastern Madagascar. *Comptes rendus Palevol*, 5: 953-962.
61. **Goodman, S. M., Raxworthy, C. J., Maminirina, C. P. & Olson, L. E. 2006**. A new species of shrew tenrec (*Microgale jobihely*) from northern Madagascar. *Journal of Zoology*, 270: 384-398.

62. **Goodman, S. M., Vasey, N. & Burney, D. A. 2007**. Description of a new species of subfossil shrew-tenrec (Afrosoricida: Tenrecidae: *Microgale*) from cave deposits in extreme southeastern Madagascar. *Proceedings of the Biological Society of Washington*, 120: 367-376.

63. **Goodman, S. M., Ganzhorn, J. U. & Rakotondravony, D. 2008.** Les mammifères. Dans *Paysages naturels et biodiversité de Madagascar*, ed. S. M. Goodman, pp. 435-484. Muséum national d'Histoire naturelle, Paris.

64. **Goodman, S. M., Raheriarisena, M. & Jansa, S. A. 2009.** A new species of *Eliurus* Milne Edwards, 1885 (Rodentia: Nesomyinae) from the Réserve Spéciale d'Ankarana, northern Madagascar. *Bonner Zoologisches Beiträge*, 56: 133-159.

65. **Goodman, S. M., Zafindranoro, H. H. & Soarimalala, V. soumis**. A case of the sympatric occurrence of *Microgale brevicaudata* and *M. grandidieri* (Afrosoricida, Tenrecidae) in the Beanka Forest, Maintirano. *Malagasy Nature*.

66. **Gould, E. 1965.** Evidence of echolocation in the Tenrecidae of Madagascar. *Proceedings of the American Philosophical Society*, 109: 352-360.

67. **Gould, E. & Eisenberg, J. F. 1966.** Notes on the biology of the Tenrecidae. *Journal of Mammalogy*, 47: 660-686.

68. **Hafidzi, M. N. & Mohd, N. 2003**. The use of the Barn Owl, *Tyto alba*, to suppress rat damage in rice fields in Malaysia. In *Rats, mice and people: Rodent biology and management*, eds. G. R. Singleton, L. A. Hinds, C. J. Krebs & D. M. Spratt, pp. 274-276. Australian Centre for International Agricultural Research, Canberra.

69. **Hawkins, C. E. & Racey, P. A. 2007**. Food habits of an endangered carnivore, *Cryptoprocta ferox*, in the dry deciduous forests of western Madagascar. *Journal of Mammalogy*, 89: 64-74.

70. **Heim de Balsac, H. 1972.** Insectivores. In *Biogeography and ecology in Madagascar*, eds. R. Battistini & G. Richard-Vindard, pp. 629-660. W. Junk, The Hague.

71. **Hilgartner, R. D. 2005**. Some ecological and behavioural notes on the shrew tenrec *Microgale* cf. *longicaudata* in the dry deciduous forest of western Madagascar. *Afrotherian Conservation Newsletter*, 3: 3-5.

72. **Humbert, H. 1965**. Description des types de végétation. Dans Notice de la carte de Madagascar, eds. H. Humbert & G. Cours Darne. *Travaux de la Section scientifique et Technique de l'Institut Français de Pondichéry* (Hors série), 6: 46-78.

73. **Hutterer, R. 1993**. Order Insectivora. In *Mammal species of the World: A taxonomic and geographic reference*, eds. D. E. Wilson & D. M. Reeder, pp. 69-130. Smithsonian Institution Press, Washington, D.C.

74. **Hutterer, R. & Tranier, M. 1990.** The immigration of the Asian house shrew (*Suncus murinus*) into Africa and Madagascar. In *Vertebrates in the tropics*, eds. G. Peters & R. Hutterer, pp. 309-319. Museum Alexander Koenig, Bonn.

75. **IUCN. 2006.** IUCN Red List of Threatened Species. <www.

iucnredlist.org>. Downloaded on 29 July 2007.

76. **IUCN. 2010**. IUCN Red List of Threatened Species. Version 2010.4. <www.iucnredlist.org>. Download on 8 April 2011.

77. **Jansa, S. A. & Weksler, M. 2004.** Phylogeny of muroid rodents: Relationships within and among major lineages as revealed by nuclear IRBP gene sequences. *Molecular Phylogenetics and Evolution*, 31: 256-276.

78. **Jenkins, P. D. 2003.** *Microgale*, shrew tenrecs. In *The natural history of Madagascar*, eds. S. M. Goodman & J. P. Benstead, pp. 1273-1278. The University of Chicago Press, Chicago.

79. **Jenkins, P. D. & Goodman, S. M. 1999.** A new species of *Microgale* (Lipotyphla, Tenrecidae) from isolated forest in southwestern Madagascar. *Bulletin of the Natural History Museum*, London (Zoology) 65: 155-164.

80. **Jenkins, P. D., Goodman, S. M. & Raxworthy, C. J. 1996.** The shrew tenrecs (*Microgale*) (Insectivora: Tenrecidae) of the Réserve Naturelle Intégrale d'Andringitra, Madagascar. In A floral and faunal inventory of the eastern slopes of the Réserve Naturelle Intégrale d'Andringitra, Madagascar: With reference to elevational variation, ed. S. M. Goodman. *Fieldiana: Zoology*, new series, 85: 191-217.

81. **Krause, D. W., Hartman, J. H. & Wells, N. W. 1997**. Late Cretaceous vertebrates from Madagascar: Implications for biotic change in deep time. In *Natural change and human impact in Madagascar*, eds. S. M. Goodman & B. D. Patterson, pp. 3-43. Smithsonian Institution Press, Washington, D. C.

82. **Lamberton, C. 1946**. Contribution à la connaissance de la faune subfossile de Madagascar. Note XV : Le *Plesiorycteropus madagascariensis* Filhol. *Bulletin de l'Académie Malgache*, nouvelle série, 25: 25-53.

83. **Langrand, O. 1995**. *The effects of forest fragmentation on bird species in Madagascar: A case study from Ambohitantely Forest Reserve on the central high plateau*. M.S. thesis, University of Natal, Pietermaritzburg.

84. **Langrand, O. & Goodman, S. M. 1997**. Inventaire des oiseaux et des micro-mammifères des zones sommitales de la Réserve Naturelle Intégrale d'Andringitra. *Akon'ny Ala*, 20: 39-54.

85. **MacPhee, R. D. E. 1986.** Environment, extinction, and Holocene vertebrate localities in southern Madagascar. *National Geographic Research*, 2: 441-455.

86. **MacPhee, R. D. E. 1987.** The shrew tenrecs of Madagascar: Systematic revision and Holocene distribution of *Microgale* (Tenrecidae, Insectivora). *American Museum Novitates*, 2889: 1-45.

87. **MacPhee, R. D. E. 1994.** Morphology, adaptations, and relationships of *Plesiorycteropus*, and a diagnosis of a new order of eutherian mammals. *Bulletin of the American Museum of Natural History*, 220: 1-214.

88. **Malzy, P. 1965**. Un mammifère aquatique de Madagascar : Le limnogale. *Mammalia*, 29: 399-411.

89. **Maminirina, C. P., Goodman, S. M. & Raxworthy C. J.**

2008. Les micro-mammifères (Mammalia, Rodentia, Afrosoricida et Soricomorpha) du massif du Tsaratanana et biogéographie des forêts de montagne de Madagascar. *Zoosystema*, 30: 695-721.

90. **Matsuzaki, O. 2002**. The force driving mating behavior in the house musk shrew (*Suncus murinus*). *Zoological Science* (Japan), 19: 851-869.
91. **Mein, P., Sénégas, F., Gommery, D., Ramanivosoa, B., Randrianantenaina, H. & Kerloc'h, P. 2010**. Nouvelles espèces subfossiles de rongeurs du Nord-Ouest de Madagascar. *Comptes rendus Palevol*, 9: 101-112.
92. **Mittermeier, R. A., Louis, E. E., Richardson, M., Schwitzer, C., Langrand, O., Rylands, A. B., Hawkins, F., Rajaobelina, S., Ratsimbazafy, J., Rasoloarison, R., Roos, C., Kappeler, P. M., & Mackinnon, J.. 2010**. *Lemurs of Madagascar*, 3rd edition. Conservation International, Washington, D.C.
93. **Moat, J. & Smith, P. 2007.** *Atlas de la végétation de Madagascar*. Royal Botanic Gardens, Kew.
94. **Musser, G. G. & Carleton, M. D. 1993**. Family Muridae. In *Mammal species of the World*, eds. D. E. Wilson & D. M. Reeder, pp. 501-753. Smithsonian Institution Press, Washington, D. C.
95. **Musser, G. G. & Carleton, M. D. 2005.** Superfamily Muroidea. In *Mammal species of the World: A taxonomic and geographic reference*, 3rd edition, eds. D. E. Wilson & D. M. Reeder, pp. 894-1531. Johns Hopkins University Press, Baltimore.
96. **Nicoll, M. E. 1985**. Responses to Seychelles tropical forest seasons by a litter-foraging mammalian insectivore, *Tenrec ecaudatus*, native to Madagascar. *Journal of Animal Ecology*, 54: 71-88.
97. **Nicoll, M. E. 2003.** *Tenrec ecaudatus*, tenrec. In *The natural history of Madagascar*, eds. S. M. Goodman & J. P. Benstead, pp. 1283-1287. The University of Chicago Press, Chicago.
98. **Olson, L. E. 1999.** *Systematics, evolution, and biogeography of Madagascar's tenrecs (Mammalia: Tenrecidae)*. Unpublished PhD dissertation, University of Chicago, Chicago.
99. **Olson, L., Goodman, S. M. & Yoder, A. D. 2004.** Reciprocal illumination of cryptic species: Morphological and molecular support for several undescribed species of shrew tenrecs (Mammalia: Tenrecidae; *Microgale*). *Biological Journal of the Linnean Society*, 83: 1-22.
100. **Olson, L. E., Rakotomalala, Z., Hildebrandt, K. B. P., Lanier, H. C., Raxworthy, C. J. & Goodman, S. M. 2009**. Phylogeography of *Microgale brevicaudata* (Tenrecidae) and description of a new species from western Madagascar. *Journal of Mammalogy*, 90: 1095-1110.
101. **Omar, H., Adamson, E. A. S., Bhassu, S., Goodman, S. M., Soarimalala, V., Hashim, R. & Ruedi, M. Soumis.** Phylogenetic relationships of Malayan pygmy shrew of the genus *Suncus* (Soricomorpha: Soricidae) inferred from mitochondrial cytochrome *b* gene sequences. *Raffles Bulletin of Zoology*.

102. Petter, F. & Randrianasolo, G. 1961. Répartition des rongeurs sauvages dans l'ouest de Madagascar. *Archives de l'Institut Pasteur de Madagascar*, 30: 95-98.

103. Poux, C., Madsen, O., Glos, J., de Jong, W. W. & Vences, M. 2008. Molecular phylogeny and divergence times of Malagasy tenrecs: Influence of data partitioning and taxon sampling on dating analyses. *BMC Evolutionary Biology*, 8: 102.

104. Pye, T. 1993. Reproductive biology of the feral house mouse (*Mus musculus*) on subantarctic Macquarie Island. *Wildlife Research*, 20: 745-758.

105. Racey, P. A. & Stephenson, P. J. 1996. Reproductive and energetic differentiation of the Tenrecidae of Madagascar. Dans *Biogéographie de Madagascar*, ed. W. R. Lourenço, pp. 307-319. Editions ORSTOM, Paris.

106. Radimilahy, C. 1997. Mahilaka, an eleventh- to fourteenth-century Islamic port: The first impact of urbanism on Madagascar. In *Natural change and human impact in Madagascar*, eds. S. M. Goodman & B. D. Patterson, pp. 342-363. Smithsonian Institution Press, Washington, D.C.

107. Rahelinirina, S., Léon, A., Harstskeerl, R. A., Sertour, N., Ahmed, A., Raharimanana, C., Ferquel, E., Garnier, M., Chartier, L., Duplantier, J.-M., Rahalison, L. & Cornet, M. 2010. First isolation and direct evidence for the existence of large small-mammal reservoirs of *Leptospira* sp. in Madagascar. *PLoS ONE* 5(11): e14111. doi:10.1371/journal.pone.0014111.

108. Rahelinirina, S., Duplantier, J.-M., Ratovonjato, J., Ramilijaona, O., Ratsimba, M. & Rahalison, L. 2010. Study on the movement of *Rattus rattus* and evaluation of the plague dispersion in Madagascar. *Vector-Borne and Zoonotic Diseases*, 10: 77-84.

109. Rakotomalala, Z., Andrianjakarivelo, V., Rasataharilala, V. & Goodman. S. M. 2007. Les petits mammifères non volants de la forêt de Makira, Madagascar. *Bulletin de la Société Zoologique de France*, 13(2): 117-134.

110. Rakotondraparany, F. & Medard, J. 2005. Diversité et distribution des micromammifères dans le corridor Mantadia-Zahamena, Madagascar. Dans Une évaluation biologique rapide du corridor Mantadia-Zahamena, Madagascar, eds. J. Schmid & L. E. Alonso. *Bulletin RAP d'Evaluation Rapide*, 32: 87-97.

111. Rakotondravony, A. D. S. 1992. *Etude comparée de trois rongeurs des milieux malgaches:* Rattus norvegicus *Berkenhout (1769),* Rattus rattus *Linné (1757) et* Eliurus *sp., biologie et dynamique des populations*. Thèse de Doctorat de troisième cycle, Université d'Antananarivo, Antananarivo.

112. Rakotondravony, D., Goodman, S. M., Duplantier, J.-M. & Soarimalala, V. 1998. Les petits mammifères. Dans Inventaire biologique de la forêt littorale de Tampolo (Fenoarivo Atsinanana), eds. J. Ratsirarson & S. M. Goodman. *Recherches pour le Développement*, *Série Sciences Biologiques*, 14: 197-212.

113. Rakotondravony, D., Randrianjafy, V. & Goodman, S. M. 2002.

Evaluation rapide de la diversité biologique des micromammifères de la Réserve Naturelle Intégrale d'Ankarafantsika. Dans Une évaluation biologique de la Réserve Naturelle Intégrale d'Ankarafantsika, Madagascar, eds. L. E. Alonso, T. S. Schulenberg, S. Radilofe & O. Missa. *Bulletin RAP d'Evaluation Rapide*, 23: 83-87.

114. **Rakotozafy, L. M. A. 1996.** *Etude de la constitution du régime alimentaire des habitants du site de Mahilaka du XIè au XIVè siècle à partir des produits de fouilles archéologiques.* Thèse de Doctorat de troisième cycle, Université d'Antananarivo, Antananarivo.

115. **Rakotozafy, L. M. A. & Goodman, S. M. 2005**. Contribution à l'étude zooarchéologique de la région du Sud-ouest et extrême Sud de Madagascar sur la base des collections des ICMMA de l'Université d'Antananarivo. *Taloha*, 14-15.

116. **Ramanamanjato, J.-B. & Ganzhorn, J. U. 2001**. Effects of forest fragmentation, introduced *Rattus rattus* and the role of exotic tree plantations and secondary vegetation for the conservation of an endemic rodent and a small lemur in littoral forests of southeastern Madagascar. *Animal Conservation*, 4: 175-183.

117. **Ramanana, L. T. 2010.** Petits mammifères (Afrosoricida et Rodentia) nouvellement recensés dans le Parc National d'Andohahela (Parcelle 1), Madagascar. *Malagasy Nature*, 4: 66-72.

118. **Randrianjafy, R. V. 2003**. *Contribution à l'étude de biologie de conservation de la communauté micromammalienne d'Ankarafantsika.* Thèse de Doctorat de troisième cycle, Université d'Antananarivo, Antananarivo.

119. **Ratsirarson, J., Randrianarisoa, J., Ellis, E., Emady, R. J., Efitroarany Ranaivonasy, J., Razanajaonarivalona, E. H. & Richard, A. F. 2001**. Bezà Mahafaly : Ecologie et réalités socio-économiques. *Recherches pour le Développement, Série Sciences Biologiques*, 18: 1-104.

120. **Rene de Roland, L.-A., Rabearivony, J. & Randriamanga, I. 2004.** Nesting biology and diet of the Madagascar Harrier (*Circus macrosceles*) in Ambohitantely Special Reserve, Madagascar. *Journal of Raptor Research*, 38: 256-262.

121. **Rissman, E. F., Nelson, R. J., Blank, J. L. & Bronson, F. H. 1987**. Reproductive response of a tropical mammal, the musk shrew (*Suncus murinus*), to photoperiod. *Journal of Reproductive Fertility*, 81: 563-566.

122. **Ryan, J. M. 2003.** *Nesomys*, red forest rat. In *The natural history of Madagascar*, eds. S. M. Goodman & J. P. Benstead, pp. 1388-1389. The University Chicago Press, Chicago.

123. **Ryan, J. M., Creighton, G. K. & Emmons, L. H. 1993.** Activity patterns of two species of *Nesomys* (Muridae: Nesomyinae) in a Madagascar rain forest. *Journal of Tropical Ecology*, 9: 101-107.

124. **Sabatier, M. & Legendre, S. 1985**. Une faune à rongeurs et chiroptères Plio-Pléistocènes de Madagascar. *Actes du 100ème Congrès national des Sociétés Savantes, Montpellier, Section des Sciences* fasc. 6: 21-

28. Comité des Travaux Historiques et Scientifiques, Paris.

125. Saboureau, M. 1962. Note sur quelques températures relevées dans les réserves naturelles. *Bulletin de l'Académie Malgache*, nouvelle série, 40: 12-22.

126. Salvioni, M. 1991. Evaluation of rat (*Rattus rattus*) damage in ricefields in Madagascar. *International Journal of Pest Management*, 37: 175-178.

127. Soarimalala, R. A. L. 1998. *Contribution à l'étude du régime alimentaire des insectivores du Parc National de Ranomafana*. Mémoire de DEA, Université d'Antananarivo, Antananarivo.

128. Soarimalala, V. 2008. Les petits mammifères non-volants des forêts sèches malgaches. Dans Les forêts sèches de Madagascar, eds. S. M. Goodman & L. Wilmé. *Malagasy Nature*, 1: 106-134.

129. Soarimalala, V. & S. M. Goodman. 2003. The food habits of Lipotyphla. In *The natural history of Madagascar*, eds. S. M. Goodman & J. P. Benstead, pp. 1203-1205. The University of Chicago Press, Chicago.

130. Soarimalala, V. & Goodman, S. M. 2008. New distributional records of the recently described and endangered shrew tenrec *Microgale nasoloi* (Tenrecidae: Afrosoricidia) from central western Madagascar. *Mammalian Biology*, 73: 468-471.

131. Soarimalala, V., Goodman, S. M., Ramiarinjanahary, H., Fenohery, L. L. & Rakotonirina, W. 2001. Les micro-mammifères non-volants du Parc National de Ranomafana et du couloir forestier qui le relie au Parc National d'Andringitra. Dans Inventaire biologique du Parc National de Ranomafana et du couloir forestier qui la relie au Parc National d'Andringitra, eds. S. M. Goodman & V. R. Razafindratsita. *Recherches pour le Développement, Série Sciences biologiques*, 17: 197-229.

132. Soarimalala, V., Raheriarisena, M. & Goodman, S. M. 2010. New distributional records from central-eastern Madagascar and patterns of morphological variation in the endangered shrew tenrec *Microgale jobihely* (Afrosoricida: Tenrecidae). *Mammalia*, 74: 187-198.

133. Sommer, S. 1997. Monogamy in *Hypogeomys antimena*, an endemic rodent of the deciduous dry forest in western Madagascar. *Journal of Zoology*, 241: 301-314.

134. Sommer, S. 2000. Sex specific predation rates on a monogamous rat (*Hypogeomys antimena*, Nesomyinae) by top predators in the tropical dry forest of Madagascar. *Animal Behaviour*, 56: 1087-1094.

135. Sommer, S. 2003. *Hypogeomys antimena*, Malagasy giant jumping rat. In *The natural history of Madagascar*, eds. S. M. Goodman & J. P. Benstead, pp. 1383-1385. The University of Chicago Press, Chicago.

136. Sommer, S., Toto Volahy, A. & Seal, U. S. 2002. A population and habitat viability assessment for the highly endangered giant jumping rat (*Hypogeomys antimena*), the largest extant endemic rodent of Madagascar. *Animal Conservation*, 5: 263-273.

137. Springer, M. S., Cleven, G. C., Madsen, O., de Jong, W. W., Waddell, V. G., Amrine, H. M. & Stanhope, M. J. 1997. Endemic

African mammals shake the phylogenetic tree. *Nature*, 388: 61-64.

138. Stanhope, M. J., Waddell, V. G., Madsen, O., de Jong, W. W., Hedges, S. B., Cleven, G. C., Kao, D. & Springer, M. S. 1998. Molecular evidence for multiple origins of the Insectivora and for a new order of endemic African mammals. *Proceedings of the National Academy of Sciences, USA*, 95: 9967-9972.

139. Stephenson, P. J. 2003. *Hemicentetes*, streaked tenrecs. In *The natural history of Madagascar*, eds. S. M. Goodman & J. P. Benstead, pp. 1281-1283. The University of Chicago Press, Chicago.

140. Stephenson, P. J. 2003. *Geogale aurita*, large-eared tenrec. In *The natural history of Madagascar*, eds. S. M. Goodman & J. P. Benstead, pp. 1265-1267. The University of Chicago Press, Chicago.

141. Stephenson, P. J. & Racey, P. A. 1994. Seasonal variation in resting metabolic rate and body temperature of streaked tenrecs, *Hemicentetes nigriceps* and *H. semispinosus* (Insectivora: Tenrecidae). *Journal of Zoology*, 232: 285-294.

142. Tingel, C. C. D., McWilliam, A. N., Rafanomezana, S., Rakotondravelo, M. L. & Rakotondrasoa, H. 2003. The fauna of savanna grasslands in the locust outbreak area in southwestern Madagascar. In *The natural history of Madagascar*, eds. S. M. Goodman & J. P. Benstead, pp. 520-528. The University Chicago Press, Chicago.

143. Varnham, K. J., Roy, S. S., Seymour, A., Mauremootoo, J., Jones, C. G. & Harris, S. 2002. Eradicating Indian musk shrews (*Suncus murinus*, Soricidae) from Mauritian offshore islands. In *Turning the tide: The eradication of invasive species*, eds. C. R. Veitch & M. N. Clout, pp. 311-318. IUCN SSC Invasive Species Specialist Group, Gland and Cambridge, UK.

144. Veal, R. H. 1992. Preliminary notes on breeding, maintenance, and social behaviour of the Malagasy giant jumping rat *Hypogeomys antimena* at Jersey Wildlife Preservation Trust. *Dodo*, 28: 84-91.

145. Webb, C. S. 1953. *A wanderer in the wind: The odyssey of an animal collector*. Hutchinson, London.

146. Yiğit, N., Çolak, E. & Sözen, M. 1998. The taxonomy and karyology of *Rattus norvegicus* (Berkenhout, 1769) and *Rattus rattus* (Linnaeus, 1758) (Rodentia: Muridae) in Turkey. *Turkish Journal of Zoology*, 22: 203-212.

Index

Les chiffres en **gras** correspondent aux numéros de pages relatives à la description des espèces.